Aviation Bookstore
aviation step by step

AF866462

NAVEGACIÓN IFR

y comunicaciones

Edición 2

Aviation Bookstore
aviation step by step

Editado y publicado por Nuria Rocio Balduzzi Raimondi
Aviation Bookstore ®

Aviation Bookstore ® es una marca registrada
Marca editorial independiente, no afiliada a Airbus SAS, Boeing Company,
ni a ninguna otra institución aeronáutica.

El contenido de este libro se desarrolla con fines educativos y de
formación profesional. Texto original de autoría humana.
ISBN 9789874214270

PRÓLOGO

Navegar por los cielos es una de las habilidades que los pilotos deben adquirir a lo largo de su carrera. Existen diversos tipos de navegación, pero en esta oportunidad centraremos la atención en la navegación instrumental junto con las comunicaciones para cada fase del vuelo. Una navegación instrumental requiere de técnicas y procedimientos de vuelo avanzados que se complementan con toda una serie de toma de decisiones que el piloto debe dominar en cada instancia del vuelo.

Esta exitosa obra te propone convertirse en esa herramienta única para llevarte a lograr superar cada uno de los obstáculos, enseñándote a interpretar cada etapa de la navegación y la comunicación. Aprenderemos a planificar cada paso, a leer cartas de salida (SID), cartas de entrada (STAR), cartas de aproximación (APP), desarrollando cada "Briefing" para cada caso, estudiando las diferentes etapas de cada comunicación tanto en ESPAÑOL como en INGLES, con el tecnicismo adecuado a cada fase de vuelo para que resulte tan fácil volar en un aeropuerto desconocido con un idioma diferente al propio.

Capt. Facundo Conforti

Aviation Bookstore
aviation step by step

Aviation Bookstore
aviation step by step

Índice

Capítulo 4. Descenso, aproximación y aterrizaje

Capítulo 5. Operación en tierra

Capítulo 6. Comunicaciones

Capítulo 7. Abreviaturas

Aviation Bookstore
aviation step by step

Introducción

Formato y organización del libro

Iniciando esta nueva odisea aérea, navegarás por este libro explorando un formato nunca antes practicado, presentado y organizado de la siguiente manera. Basando cada uno de estos capítulos en cada una de las fases de una navegación, como se ha explicado, se plantea un escenario de origen y uno de destino.

La navegación tendrá como origen el Aeropuerto Internacional de Ezeiza (SAEZ), Buenos Aires, Argentina y como destino el Aeropuerto Internacional de Mendoza, Mendoza, Argentina (SAME), atravesando por diferentes controles de transito aéreo que intervienen en el trayecto como ser: *Ezeiza Superficie, Ezeiza Torre, Baires Control, Ezeiza Control, Córdoba Control, Mendoza Control, Mendoza Aproximación, Mendoza Torre* y como punto final *Mendoza Superficie.*

A continuación se muestra representada la navegación en una carta de ruta instrumental, para posteriormente analizarla en el capítulo correspondiente a la fase de crucero.

La siguiente carta de navegación es a modo de ejemplo y no corresponde a la escala original, por lo que no debe considerarse para uso real ya que ha sido armada únicamente con fines educativos.

Ruta a seguir

A continuación se muestra el extracto de una carta de ruta instrumental. Un formato clásico donde se analiza la trayectoria completa desde el Aeropuerto Internacional de Ezeiza, hasta el Aeropuerto Internacional de Mendoza. En la ruta intervienen diversos puntos a lo largo del trayecto, los cuales estudiarás en detalle en su capitulo referente a ellos y a la navegación.

Los “ruteros” suelen presentarse de diversos diseños y formatos dependiendo del desarrollador. En este caso, se toma como ejemplo, un único formato del desarrollador JEPPESEN, líder en cartografía aeronáutica.

Estos ruteros suelen presentarse por zonas geográficas y no por países en forma individual. Los ruteros se dividen en dos grandes grupos, los de espacios aéreos superiores y los de espacio aéreos inferiores. Para este caso en particular, se tomará el del espacio aéreo superior correspondiente a la zona que abarca esta navegación.

A continuación se expone el extracto de la carta de ruta a fin de analizar todo el trayecto:

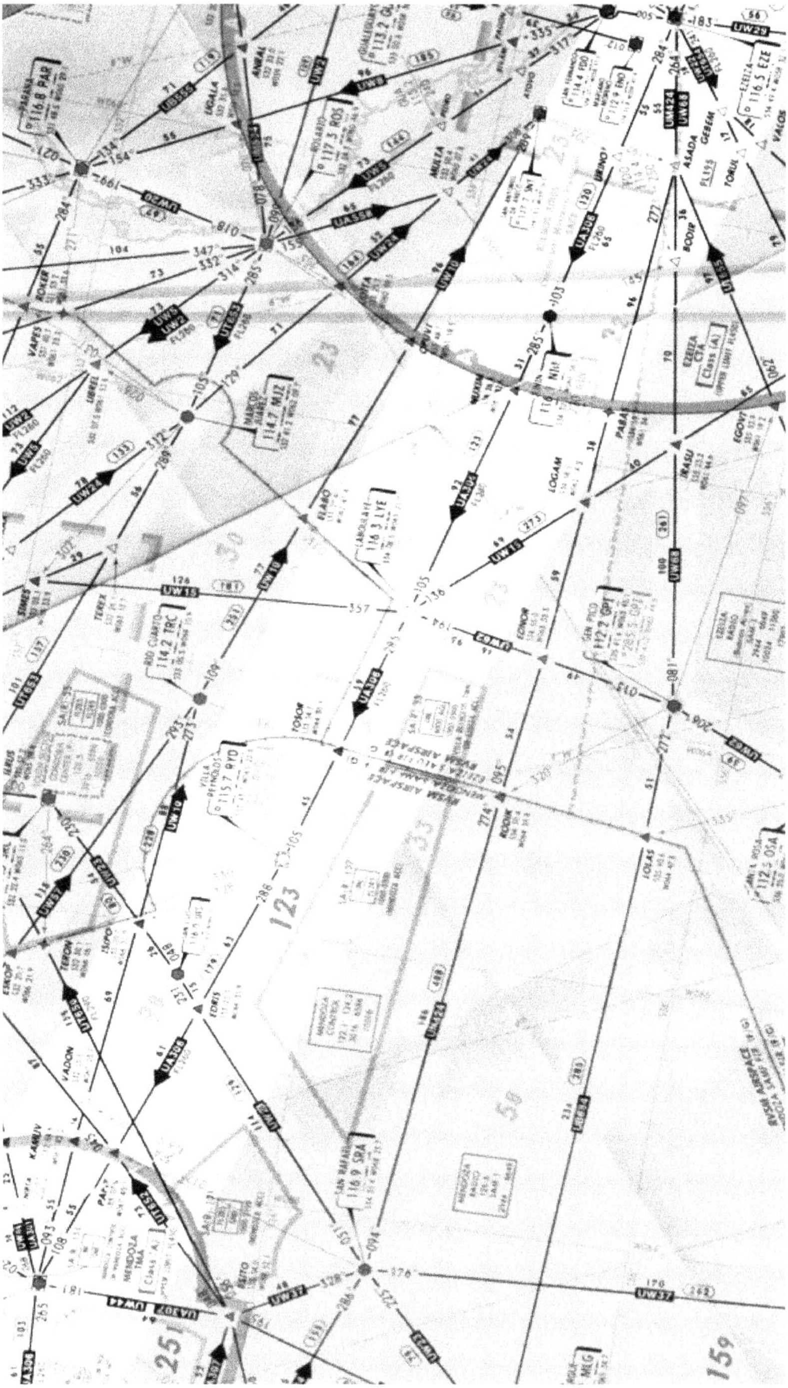
116.8 PAR
117.3 ROS
114.7 MJZ
116.3 LYE
114.2 TRC
112.2 QPT
116.9 SRA
116.5 EZE

Conceptos básicos de navegación

Primeramente es necesario comprender el concepto de navegación ya que suele confundirse con facilidad respecto de otros conceptos similares.

Se entiende por navegación al *"recorrido que realiza una aeronave desde un punto de partida hasta un punto de destino"*. Dicho recorrido esta formado por diferentes tramos o etapas a las que llamaremos *"Fases"* y que serán el tema central de cada capitulo.

Ahora bien, en cada fase también se encuentran involucradas ciertas herramientas que ayudan al correcto desarrollo de dicha fase y que requieren de un detenido análisis y estudio por parte de un piloto, como son las *"Cartas Instrumentales"*, los *"Ruteros"*, *"Cálculos y Fórmulas"*, *"Estructuras de Comunicación"*, *"Briefings"* y demás herramientas que irás conociendo a lo largo de este manual.

La estructura que propone este manual resulta agradable y simple de leer. Para cada fase se analizará cada detalle práctico y teórico con su correspondiente estructura de comunicación entre Piloto y Controlador Aéreo, tanto en idioma español como en idioma inglés.

Fases de una navegación

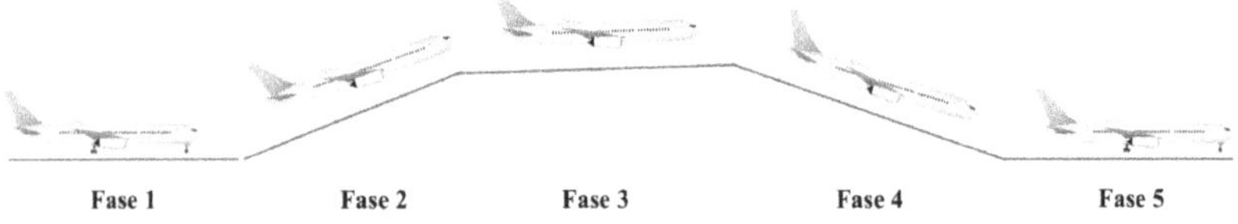

Fase 1: corresponde a la fase relacionada a la operación en tierra y abarca los siguientes temas a detallar en el capítulo 1:

- Desarrollo y confección de navegación "Pre-Computada".
- Permiso de tránsito.
- ATIS.
- Briefing de despegue.
- Retroceso y puesta en marcha.
- Esquemas de comunicación con diferentes controles y en diversas situaciones.
- Análisis y operación de cartas de aeropuertos.
- Rodajes.
- Análisis de SID (standar instrumental departure).
- Análisis de velocidades de despegue.
- Estructuras de comunicación hasta el despegue.

Fase 2: refiere a todo lo relacionado con la operación en vuelo inmediatamente posterior al "despegue" y durante el "ascenso". Abarca los siguientes temas a detallar en el capítulo 2:

- Esquemas de comunicación.
- Cálculos y estimas.
- TOC (top of climb).
- Seguimiento y aplicación de las SID's.
- Introducción a las cartas de ruta (ruteros).

Fase 3: refiere a todo lo relacionado con la operación en vuelo durante la etapa de crucero. Abarca los siguientes temas a detallar en el capítulo 3:

- Esquema de comunicación.

- Cálculos y estimas a puntos fijos o "Waipoints".
- TOD (top of descent).
- Seguimiento y aplicación de cartas de ruta.
- Planificación y briefing de descenso y aproximación.

Fase 4: refiere a todo lo relacionado con la operación en vuelo durante la etapa de "descenso", "aproximación" y "aterrizaje". Abarca los siguientes temas a detallar en el capítulo 4:

- Esquema de Comunicación.
- Cálculos de Descenso.
- Análisis y Operación de IACs (instrumental approach charts).
- Análisis y Operación de STARs (instrumental arrivals)
- Planificación y Briefing del procedimiento de "Aproximación Frustrada".

Fase 5: refiere a todo lo relacionado con la operación en tierra inmediatamente posterior al "aterrizaje" y durante el "rodaje" hacia la posición final. Abarca los temas a detallar en el capítulo 5:

- Esquema de Comunicación.
- Análisis y Operación de Cartas de Aeropuertos.
- Rodajes.

Resumiendo estas 5 fases de una navegación instrumental, se abarcan todos los conceptos básicos a tener en cuenta para operar, de forma segura, en cualquier aeropuerto del mundo, sea este un aeropuerto internacional de gran magnitud o simplemente un aeropuerto local de poco tráfico.

Capítulo 1

Operación en tierra

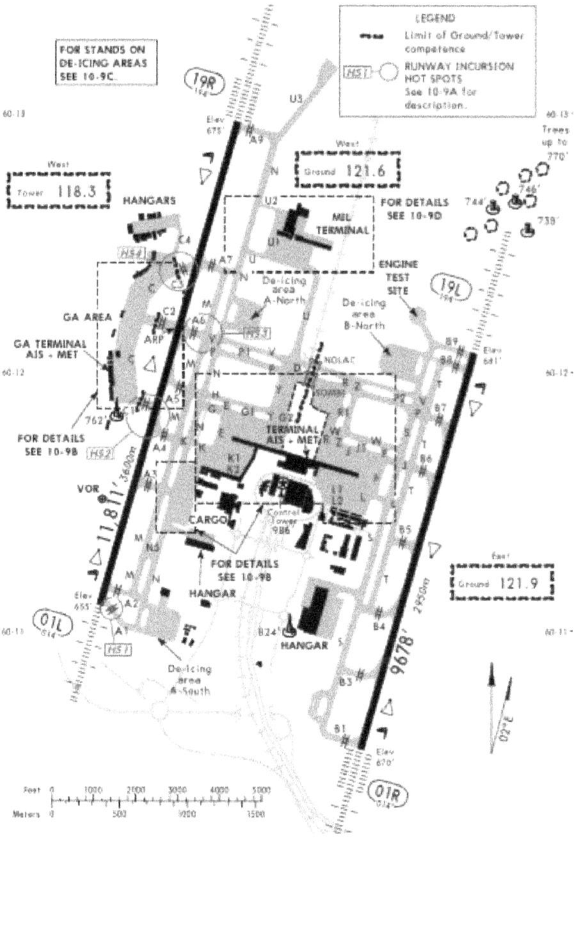

Aviation Bookstore
aviation step by step

Navegación pre-computada. Cálculos y estimas

Toda navegación comienza siempre en el escritorio y con tres elementos indispensables para toda planificación: lápiz, papel y calculadora. El objetivo de planificar una navegación es conocer, con exactitud, tres parámetros fundamentales, los cuales garantizan un exitoso y seguro vuelo:

- Distancia total y parcial.
- Tiempo de Vuelo total y parcial.
- Consumo de Combustible total y parcial.

A los fines educativos, se considerará una navegación básica como ejemplo, para poder estudiar los cálculos que intervienen en cada caso, notar su importancia y lograr alcanzar un resultado óptimo y exacto. De las cinco fases de una navegación, solo se tendrá en cuenta para este ejemplo, desde la fase 2 hasta la fase 4, es decir, desde el despegue pasando por el tramo de crucero hasta el aterrizaje en destino. Vale aclarar que se analizará el ejemplo mas básico para lograr un fácil entendimiento del procedimiento.

Antes de comenzar cada cálculo, se necesita cierta información básica del avión y de la ruta, como ser: "Consumo y Velocidad" especifica de cada uno de los tres tramos y "Régimen de Ascenso y Descenso" únicamente para los tramos que lo requieren, la "Distancia Total de la Ruta a Volar" y por ultimo el nivel de vuelo a adoptar.

Se tomará la siguiente información como base para nuestros cálculos en este ejemplo:

	Ascenso	*Crucero*	*Descenso*
C:	**100 LT.**	**80 LT.**	**60 LT.**
V:	**110 KT.**	**150 KT.**	**90 KT.**
R:	**500 FT/MIN.**	**-----------**	**1000 FT/MIN.**

Distancia Total: 400 NM. Nivel de vuelo 120 (12.000 pies).

A tener en cuenta, la única herramienta matemática que necesitarás será la conocida **"Regla de tres Simple"**, pero no nos vamos a detener a estudiarla ya que este no es un manual de matemáticas, por lo que simplemente vamos a ir aplicándola y dejándonos llevar por sus resultados en cada caso. A continuación se detalla el primer tramo, el "Ascenso":

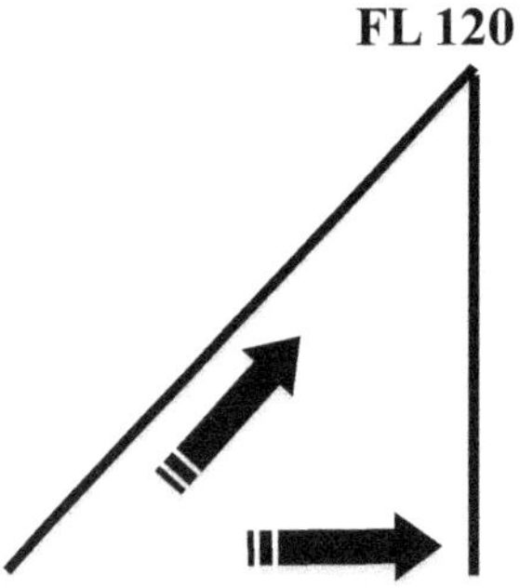

Los interrogantes a descubrir serán:

Tiempo: ………… minutos hasta FL 120

Distancia: ………. NM hasta FL 120.

Consumo: ………. LT hasta FL 120.

Respetando este orden, veamos como:

Aplicando la regla de tres simple al régimen de ascenso del avión, se puede obtener la cantidad de minutos que tomará alcanzar el nivel de vuelo 120 o FL120. Si el avión asciende a 500 pies por minuto, es necesario saber cuantos minutos le tomará llegar a 12000 pies, por lo que solo se debe multiplicar 12000 por 1 y dividir por 500, obteniendo la cantidad de minutos requeridos, quedando así:

500 ft % 1 min

12000 ft X = 24 min

Esta formula de cálculo sobre regla de tres, se aplicará en todos los casos donde sea necesario obtener un interrogante y será la única regla matemática que necesitarás aplicar. Continúa con los otros dos interrogantes, distancia y consumo:

Distancia: si el avión recorre en ascenso 110 millas náuticas (NM) en 60 minutos, cuanto recorrerá en 24 Min (tiempo obtenido previamente), quedando el siguiente calculo:

$$D = \frac{24 \times 110}{60} = \boxed{44\ NM}$$

Consumo: sabiendo que el avión consume 100 litros cada 60 minutos, cuantos litros consumirá en 24 Min (tiempo obtenido previamente), quedando el siguiente calculo:

$$C = \frac{24 \times 100}{60} = \boxed{40\ LT}$$

FL 120

Tiempo para alcanzar FL: <u>24 minutos.</u>

Distancia horizontal hasta FL: <u>44 NM.</u>

Consumo hasta alcanzar FL: <u>40 litros</u>

Continúa con los cálculos para el tramo de descenso y dejaremos el tramo de crucero para el final. Finalizando los cálculos veremos el "Por que" de este orden.

Habiendo logrado obtener los datos de ascenso es momento de pasar a la etapa de descenso, dejando los cálculos de crucero para la tercera instancia.

Tiempo: si el avión desciende 1000 pies en 1 minuto, es necesario averiguar cuanto tardará en descender 12000 pies, obteniendo la siguiente formula:

$$T = \frac{12.000 \times 1}{1000} = \boxed{12 \text{ min}}$$

Distancia: si en 60 minutos el avión recorre 90 millas, cuántas millas recorrerá en 12 minutos? (tiempo previamente obtenido), quedando la siguiente formula:

$$D = \frac{12 \times 90}{60} = \boxed{18 \text{ nm}}$$

Consumo: si en 60 minutos el avión consume 60 litros, cuántos consumirá en 12 minutos? (tiempo previamente obtenido), quedando la siguiente formula:

$$C = \frac{12 \times 60}{60} = \boxed{12 \text{ lt}}$$

FL 120

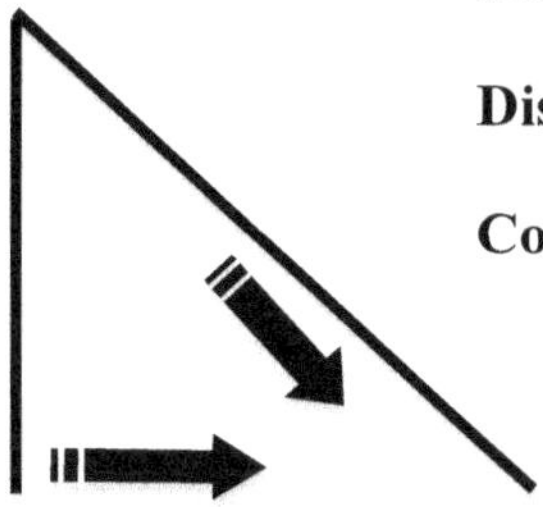

Tiempo para descender desde FL: <u>12 Min.</u>

Distancia recorrida en Descenso: <u>18 NM.</u>

Consumo de descenso: <u>12 LT.</u>

Finalizado los cálculos de descenso, estas listos para los cálculos finales del tramo de crucero:

Distancia: aquí esta la razón por la que es necesario posponer los cálculos de crucero para el final y es debido a la distancia, ya que la única forma de conocer distancia de crucero a recorrer, es restándole a la distancia total de la ruta, la distancia que toma el ascenso y la distancia que toma el descenso, quedando así:

$$D = 400 \text{ nm} - 44 \text{ nm} - 18 \text{ nm} = 338 \text{ nm}$$

Tiempo: si el avión recorre 150 NM en 60 minutos, cuánto tardará en recorrer 338 NM? (distancia obtenida previamente)

$$T = \frac{338 \times 60}{150} = \boxed{135 \text{ min}}$$

Consumo: si el avión consume 80 litros en 60 minutos, cuántos litros consumirá en 135 minutos?

$$C = \frac{135 \times 80}{60} = \boxed{180 \text{ lt}}$$

Como resultado final de la etapa de crucero, se obtienen la siguiente información:

Distancia de crucero : 338 millas náuticas.

Tiempo de vuelo en crucero: 135 minutos.

Consumo para volar dicho tiempo: 180 litros.

Hasta aquí, el ejemplo mas básico de cálculos para una navegación pre-computada, habiendo tomado como ejemplos datos completamente aleatorios con fines únicamente educativos. A continuación se representan estos resultados en un diagrama de navegación.

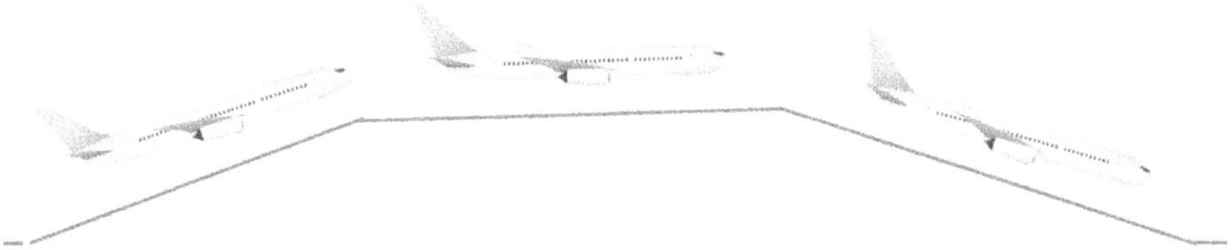

Fase 2	Fase 3	Fase 4
T: 24 min	T: 338 min	T: 12 min
D: 44 nm	D: 135 nm	D: 18 nm
C: 40 lt	C: 180 lt	C: 12 lt

A partir de aquí, se desarrollan todas las etapas para la navegación planificada en este manual, desde SAEZ hasta SAME, comenzando con la primer interacción entre el piloto y el vuelo:

Automatic Terminal Information Service

- *" A T I S "* –

Un ATIS consiste, ni mas ni menos, que en un mensaje grabado y de reproducción automática en una determinada frecuencia de VHF, en el que se incluye la información meteorológica disponible de la hora actual y del aeródromo en el que se esta operando. Comúnmente suele incluir, además de la información meteorológica, otros datos importantes como por ejemplo:

- Pista en uso.
- SID en uso para un determinado sector.
- Restricciones (si las hay).
- Frecuencias de operación (rodaje, torre, control, etc).

Un ATIS, muy similar a un METAR, suele respetar la siguiente estructura, pudiendo variar a criterio del aeropuerto operador:

Lugar, Hora, Viento, Cielo, Visibilidad, Temp, QNH, Otros Datos.
SAEZ - 1200Z – 290/15 – CAVOK – 9999 – 10/05 –1013 – Pista en uso 29.

Si bien no hay un momento justo o indicado para que el piloto escuche el ATIS, es recomendable copiar sus datos, justo antes de solicitar el permiso de tránsito, seleccionando la frecuencia establecida para tal efecto.

Permiso de Tránsito

- *" C l e a r a n c e "* -

Se entiende por "Permiso de Transito" o de su traducción en inglés *"Clearance"*, a la autorización que otorga un control de tránsito aéreo, para la realización de una determinada ruta en un día y horario específico y bajo ciertas reglas pre-pactadas, como ser: la utilización de una determinada SID, la selección de una aerovía especifica, un nivel de vuelo determinado, y demás restricciones de tránsito a tener en cuenta.

En la mayoría de los aeropuertos de gran porte, suele existir una frecuencia exclusiva para solicitar y recibir el "Permiso de Transito", con el objetivo de no interferir con las frecuencias de rodaje y torre. Para este ejemplo en particular se cuenta con la frecuencia de "Permisos" o "Autorizaciones", comúnmente llamada *"Ezeiza Autorizaciones"*. Iniciarás aprendiendo la estructura de comunicación en ambos idiomas para solicitar tu permiso de transito. Como referencia y ayuda se considera que la letra **(P)** refiere a la comunicación emitida por el Piloto y la letra **(C)** refiera a la comunicación emitida por el Control.

1) Llamar al control, identificarse y solicitar el permiso.

P: ***Ezeiza Autorizaciones, buenos días, LV-BR601, solicito "Permiso de Transito" a Mendoza.***

Ezeiza Clearance, good morning, LV-BR601, request "Clearance" to Mendoza Airport.

C: ***LV-BR601, buenos días, copie su permiso.***

- LV-BR601, good morning, here is your clearance.

C: LV-BR601, autorizado de Ezeiza a Mendoza vía ruta planificada, nivel de vuelo 260 hasta Mendoza, salida Torul 1, transición Urino, respondedor 2332.

- LV-BR601, clear from Ezeiza to Mendoza, via flight plan route, climb to flight level 260 until Mendoza, Torul 1 departure, Urino transition, squawk 2332.

2) Una vez copiado el permiso de transito, el paso siguiente es conocido como *"colación" o "Read Back"* y consiste en repetir el permiso recibido con el objetivo de que el control confirme que el permiso fue recibido correctamente.

P: ***Autorizado de Ezeiza a Mendoza vía ruta planificada, nivel de vuelo 260 hasta Mendoza, salida Torul 1, transición Urino, respondedor 2332. LV-BR601.***
-Clear from Ezeiza to Mendoza, via flight plan route, climb to flight level 260 until Mendoza, Torul 1 departure, Urino transition, squawk 2332. LV-BR601.

C: ***LV-BR601, colación correcta, contacte a Ezeiza Superficie 121,75, adiós.***
- LV-BR601, read back correct, contact Ezeiza Ground 121,75, good-bye.

P: ***Contacto a Ezeiza Superficie 121,75, adiós. LV-BR601.***
- Contact Ezeiza Ground 121,75, good-bye. LV-BR601.

Briefing de despegue

- "Take Off Briefing" -

Una vez obtenido el *ATIS, copiado el permiso de tránsito* y previo a iniciar el retroceso y la puesta en marcha del avión, es necesario realizar un *"Briefing de Despegue"*. En palabras simples, se trata de una descripción de los pasos a seguir para realizar el despegue, la pista a utilizar, la SID a realizar y demás detalles que intervienen en un despegue normal.

Terminados estos detalles, se da mayor énfasis a los procedimientos a seguir en caso de un despegue con alguna falla en particular.

Se debe tener en cuenta que la estructura de un "Briefing" puede ser de diversas formas ya que cada estructura se adaptara al tipo de avión a volar y a la clase de vuelo a realizar. Se tomará como ejemplo básico la siguiente estructura de "Briefing", pudiendo ser modificada a comodidad de cada uno, sin ningún tipo de restricción:

1. Pista en uso y distancia.
2. SID a realizar.
3. Restricciones del permiso (si las hay).
4. Velocidades de despegue normal.
5. Altitud o nivel de vuelo a alcanzar.
6. Análisis de un despegue con falla.
7. Asignación de tareas.
8. Procedimientos a seguir.

P: *"Despegando de pista 29 de Ezeiza con 3300 mts disponibles. Salida a utilizar SID JEPPESEN 10-3B Torul 1 con una MSA de 3000 pies sobre el VOR de EZE y una limitación de velocidad de 250 KT por debajo de FL100. En carrera de despegue alcanzar V1 (velocidad de decisión) a ...... KT, VR (velocidad de rotación) a ...... KT, rotar y con ascenso positivo, retraer el tren y ascender hasta FL .... o .... FT.*

Ante cualquier falla o duda antes de V1, se abortará el despegue. Ante cualquier falla posterior a V1, se continúa con el despegue y se considera un posible retorno al aeródromo.

Analizando esta estructura básica de Briefing, se observan nuevos términos de velocidades a conocer:

- V1: velocidad de decisión.
- VR: velocidad de rotación.

- V2: velocidad segura de despegue.

NOTA: Por lo general se calculan estas velocidades especiales para el despegue a partir de aviones bimotores de mediano porte en adelante, por lo que no serán tomadas en cuenta en aviones monomotores ligeros y de pequeño porte inferior a 5700 kg._

Retroceso y Encendido

- *"Push back & Start up"* -

Habiendo realizado el briefing de despegue, estas listos para iniciar el "retroceso y encendido de los motores", para lo cual, es necesario solicitar la correspondiente autorización al control con la siguiente estructura de comunicación:

1. Llamar al control, identificarse, informar posición de estacionamiento e intención.

P: ***Ezeiza Superficie, LV-BR601, posición 7, solicito retroceso y encendido.***
- *Ezeiza Ground, LV-BR601, stand 7, request star-up and push-back.*

C: ***LV-BR601, autorizado retroceso y encendido.***
- *LV-BR601, star-up and push-back approved.*

Se debe tener en cuenta que la autorización de puesta en marcha la otorga el control de superficie y por ningún motivo el piloto deberá encender los motores de su aeronave sin previa autorización. El control otorgará la autorización una vez que se asegure de que la zona cercada a la puesta en marcha esta libre de otras aeronaves.

Carta de información del aeropuerto

- "Airport Information Chart" -

Finalizado el retroceso y la puesta en marcha y antes de iniciar el ***"Rodaje"***, es necesario estudiar en detalle las "Cartas de Información de Aeropuertos", donde se encuentra toda la información acerca de las instalaciones de cada lugar, información de las calles de rodaje, información de pistas disponibles con sus respectivas distancias, obstáculos en las cercanías del lugar, información de posiciones de estacionamiento y demás detalles relevantes a la hora de llevar a cabo una exitosa operación en tierra en un aeropuerto de gran porte.

Se toma como ejemplo para su estudio, la carta del aeropuerto internacional de Ezeiza, Buenos Aires, Argentina, detallando sus principales puntos:

1. Designación OACI y elevación del aeródromo en pies.
2. Fecha de publicación y designación numérica del fabricante.
3. Nombre del aeropuerto, de la ciudad y del país.
4. Frecuencias a utilizar en toda operación con dicha carta y en un orden lógico de utilización, de izquierda a derecha.
5. Información de las calles de rodaje, nombradas con Letras.
6. Pistas disponibles con sus distancias en metros y en pies.
7. Diagrama de las instalaciones del aeropuerto.
8. Información numérica de las posiciones de estacionamiento.

SAEZ/EZE JEPPESEN **BUENOS AIRES, ARGENTINA**

Apt Elev **67'**
S34 49.3 W058 32.2

27 OCT 23 (10-9) EZEIZA INTL-MINISTRO PISTARINI

ATIS	Data Comm ACARS: DCL	*EZEIZA Clearance	Ground	Tower
127.8		127.1	121.75	118.6

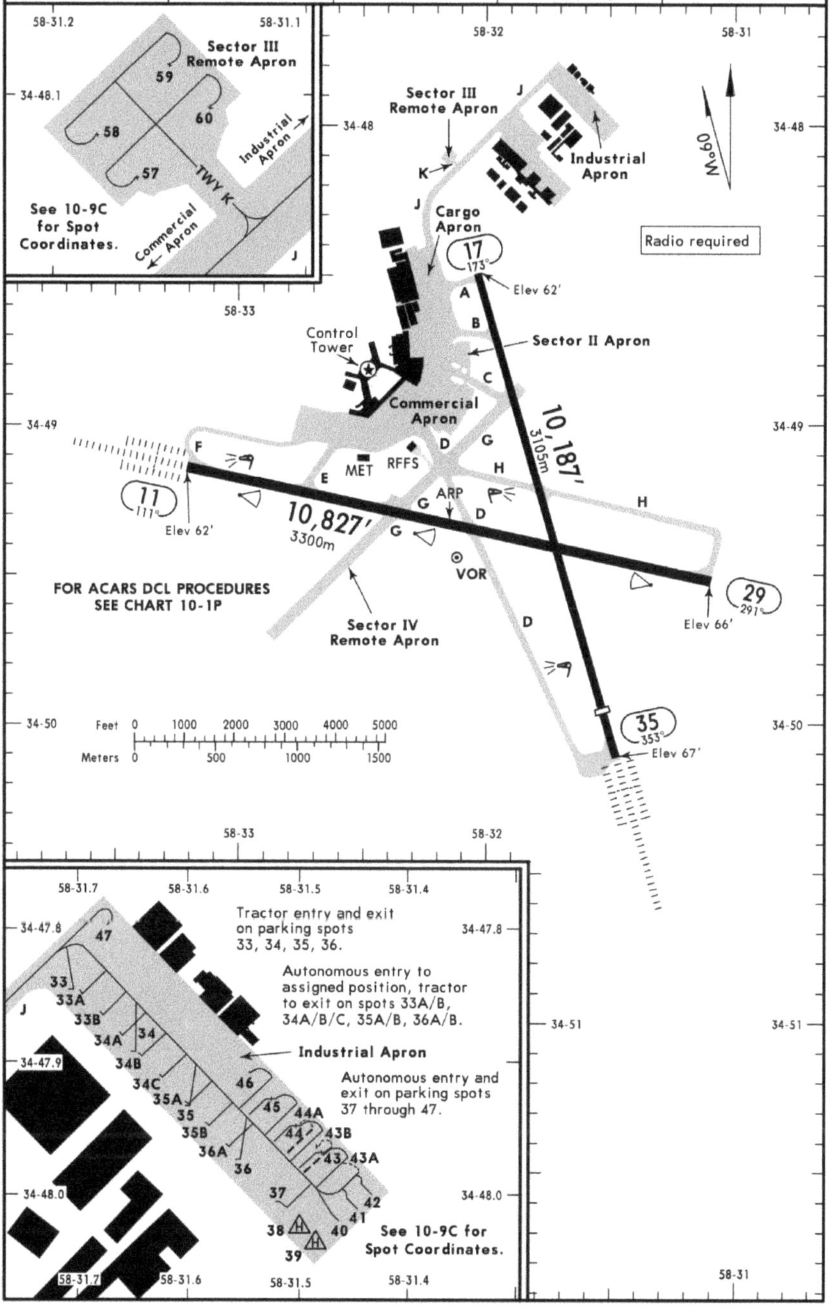

Rodaje - *" T a x i "* -

Una vez copiado el ATIS, obtenido el permiso, detallado el briefing de despegue, habiendo finalizado el retroceso, puesta en marcha y habiendo estudiado la carta del aeropuerto, estas listos para iniciar el rodaje hacia la pista en uso.

Cabe destacar, que para cada procedimiento de rodaje, existe una *"Instrucción de Rodaje"* diferente, ya que cada avión se encuentra en una posición diferente del aeropuerto, por lo que le corresponderá un recorrido diferente hacia la pista en uso.

Para obtener la autorización e instrucción de rodaje, es necesario comunicarte con la frecuencia del control de superficie, quien brindará tal información. En este caso en particular, te contactarás con ***"Ezeiza Superficie"*** utilizando la siguiente estructura de comunicación:

1. Llamar al control, identificarse e indicar que la aeronave lista a rodar.

Se debe tener en cuenta que el control de superficie te indicará una instrucción de rodaje incluyendo las calles y sus diferentes intersecciones por las que deberás transitar el avión hacia la pista en uso, debido a ello, se recomienda copiar dicha información para luego colacionar de forma correcta.

P: ***Ezeiza Superficie, LV-BR601, listo a rodar.***
- *Ezeiza Ground, LV-BR601, ready to taxi.*

C: ***LV-BR601, autorizado rodaje por calle C, G, H, cruce pista, hasta punto de espera de pista 29, en punto de espera contacta Ezeiza Torre 118.6, adiós.***

- LV-BR601, taxi via taxiway C, G, H, Cross Runway, continue to Holding Point RWY 29 and contact Ezeiza Tower 118.6, Good Bye.

P: ***Rodaje por calle C, G, H, cruce pista, hasta punto de espera de pista 29, en punto de espera contacto Ezeiza Torre 118.6, LV-BR601.***

- Taxi via taxiway C, G, H, Cross Runway, continue to Holding Point RWY 29 and contact Ezeiza Tower 118.6, LV-BR601.

Como se observa en este ejemplo, la colación es exactamente igual a la indicación del control. Recuerda que el objetivo de una correcta colación es verificar que la instrucción del control fue recibida correctamente, y de esta manera, evitar posibles incidentes.

Salidas instrumentales estandarizadas

- "Standard Instrumental Departure" -

Ya finalizado el rodaje y habiendo alcanzado el punto de espera de la pista en uso, llega el momento de ocupar la pista, iniciar el despegue y posteriormente realizar el procedimiento de salida instrumental correspondiente a la ruta. Es aquí donde interviene la mencionada **"SID"**, la cual requiere de un detenido análisis previo al despegue (análisis contemplado en el briefing inicial). Las salidas instrumentales están basadas, en su mayoría, en una o varias radioayuda terrestres como pueden ser una o varias estaciones VOR, junto con una o varias estaciones NDB, todas trabajando en conjunto para formar un diagrama de vuelo que conducirá a la aeronave desde el aeropuerto de salida hasta el punto donde inicia la aerovía a volar. Las SID suelen tener ciertas restricciones o limites de velocidad y ascenso, como así también, es común encontrar procedimientos especiales conocidos como ***"Procedimiento de Atenuación de Ruido"*** o ***"Noise Abatement"***, el cual se analiza junto con el procedimiento de salida que se detalla a continuación.

Ten presente que para cada aeropuerto, existe una SID única e irrepetible, pudiendo ser utilizada para una o más pistas pero siempre del mismo aeropuerto de salida.

1. Designación OACI para el Aeropuerto seleccionado.
2. Fecha de entrada en vigencia de la SID.
3. Ciudad y país del aeropuerto.
4. Elevación del aeródromo.
5. Nivel y Altitud de transición.
6. MSA del sector en un radio de 25 NM del VOR indicado.
7. Nombre de la SID e indicación de la pista a la que corresponde.
8. Restricción de velocidad (no aplica a todos los casos).
9. Aeropuerto principal e inicial de la SID, indicando la estación VOR principal a utilizar, seguido de diferentes waypoint que intervienen en el procedimiento.
10. Limites de la SID previo a la intercepción de cada Aerovía, indicado con cada Waypoint de salida, llamados "Puntos de Transición".
11. Estaciones VOR secundarias de apoyo y como ayuda a la navegación.
12. Segunda restricción, esta aplica a la gradiente de ascenso inicial.
13. Procedimiento de "Atenuación de Ruido", a desarrollar en las siguientes pagina.
14. Descripción, en texto claro, de la ruta a seguir posterior al despegue y durante el ascenso inicial.

15. Indicación, en texto claro, de los pasos a seguir hasta alcanzar la Aerovía buscada.

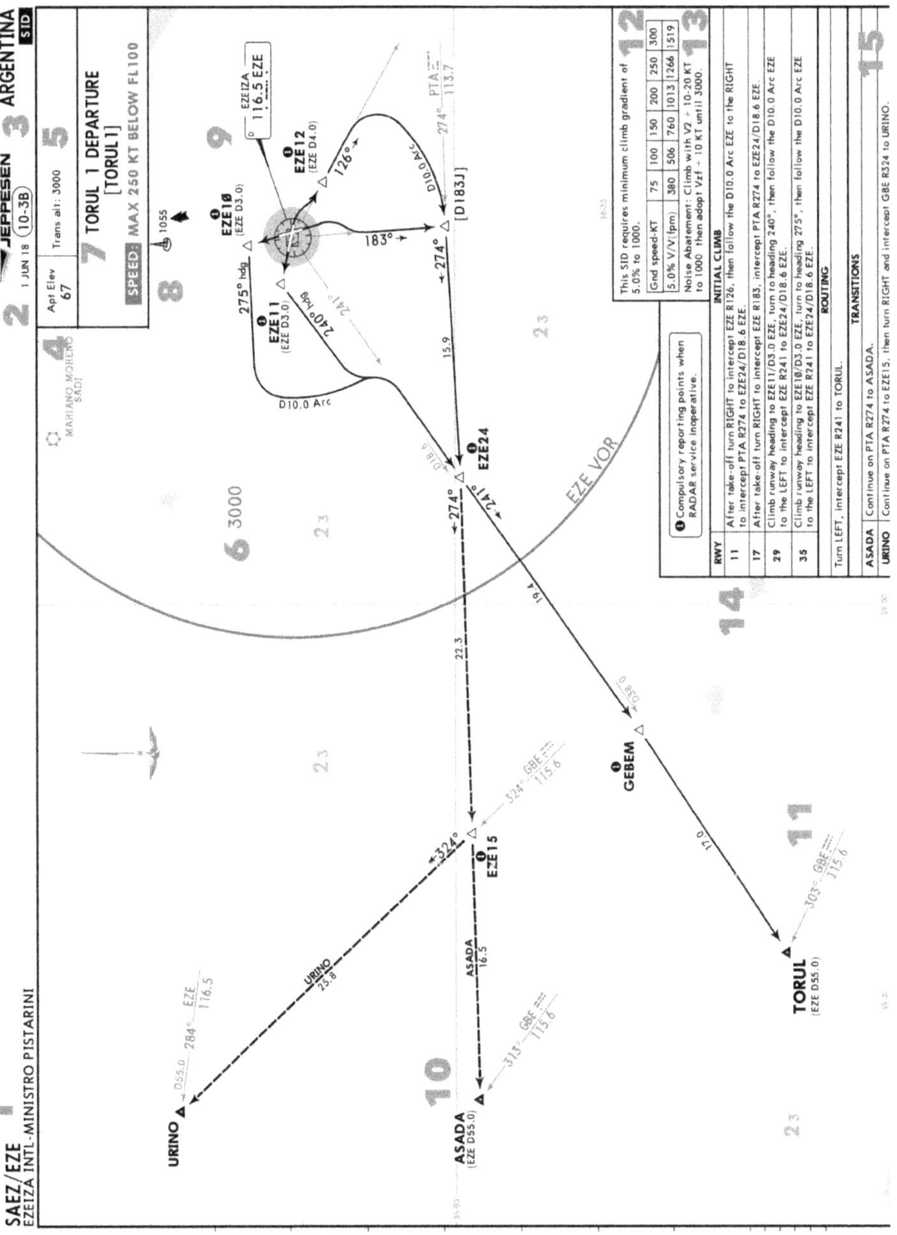

Procedimiento de atenuación de ruido

- "Noise Abatement Procedure"-

Un procedimiento de atenuación de ruido esta basado, como su nombre lo indica, en la posibilidad de reducir el ruido generado por la aceleración de los motores a baja altura, con el objeto de proteger las zonas urbanizadas de una posible contaminación sonora. Si bien cada procedimiento es especifico para cada sector donde se sobrevuele, por lo general y en su mayoría, intenta llevar a la aeronave rápidamente a una altitud segura, para luego proceder a una reducción de empuje de los motores que logre disminuir la contaminación sonora provocada por estos.

Tomando como ejemplo el procedimiento de atenuación de ruido de esta SID, TORUL 1 departure, se describe lo siguiente:

This SID requires minimum climb gradient of 5.0% to 1000.

Gnd speed-KT	75	100	150	200	250	300
5.0% V/V(fpm)	380	506	760	1013	1266	1519

Noise Abatement: Climb with V2 + 10-20 KT to 1000 then adopt Vzf + 10 KT until 3000.

"Ascender" con V2 (velocidad segura de despegue) + 10 o 20 nudos (según performance de cada avión), hasta los 1000 pies de altitud, luego adoptar VZF (velocidad de "Zero Flap") + 10 nudos hasta alcanzar los 3000 pies.

Despegue

- "Take Off"-

Finalizado el rodaje y habiendo alcanzado el punto de espera de la pista 29 *(punto de parada perpendicular a la pista donde se requiere autorización para ingresar a la misma),* estas listos para contactar a *"Ezeiza Torre",* informarle tu posición y solicitarle la autorización de despegue:

P: ***Ezeiza Torre, LV-BR601, punto de espera pista 29, listo para la salida.***

- *Ezeiza Tower, LV-BR601, ready for departure.*

Ante este requerimiento, pueden darse 3 escenarios posibles:

A) **C:** ***LV-BR601, autorizado posición y despegue pista 29.***
- LV-BR601, clear to line up and take off runway 29.
P: ***Autorizado posición y despegue pista 29, LV-BR601.***
-Clear to line up and take off runway 29, LV-BR601.

B) **C:** ***LV-BR601, autorizado posición y "Mantener" pista 29.***
- LV-BR601, clear line up and wait runway 29.
P: ***Autorizado posición y "Mantener" pista 29, LV-BR601.***
- Clear line up and wait runway 29, LV-BR601.

C) **C:** ***LV-BR601, mantenga punto de espera pista 29.***
- LV-BR601, hold short runway 29.
P: ***Mantiene punto de espera pista 29, LV-BR601.***
- Hold short runway 29, LV-BR601.

Llegados a este punto, estas listos a iniciar el despegue. Hasta aquí has estudiado las estructuras de comunicación con los controles que intervienen en la Fase 1, has analizado y operado las cartas de diagramas de aeropuertos, logrando llevar a cabo un rodaje seguro y exitoso, atravesando diferentes calles de rodaje.

Habiendo aprendido el nuevo concepto de “Briefing”, has logrado analizar, de forma ordenada, los pasos a seguir ante un despegue normal y un despegue con falla. Posteriormente has analizado la SID o salida instrumental, cuyo procedimiento será detenidamente estudiado en la siguiente Fase 2 donde, posterior al despegue, deberás seguir su diagramas tal cual fue autorizado.

Cabe destacar que para la utilización de las SID’s se recomienda contar con, al menos, 2 instrumentos en trabajo simultáneo, pudiendo ser los mas convenientes el RMI y el HSI.

Capítulo 2

Ascenso

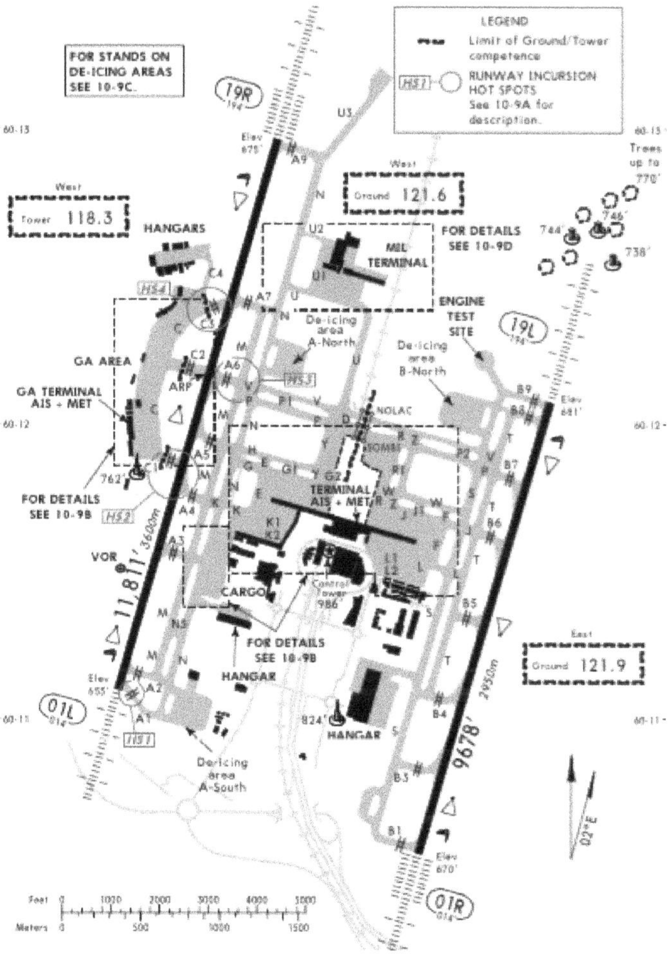

Aviation Bookstore
aviation step by step

Ascenso inicial
- "Initial Climb" -

Ya finalizada la carrera de despegue, has rotado y despegado de la pista 29 de Ezeiza, con ascenso positivo retraes el tren de aterrizaje, la aeronave pasa los 1000 pies en ascenso y la torre de Ezeiza se despide para transferir la comunicación al siguiente control, pasando a "Baires Control" y siguiendo la siguiente estructura:

C: LV-BR601, contacte a "Baires Control" en frecuencia 124,90.
- *LV-BR601, contact now "baires Control" frequency 124,90.*

P: Contacto Baires Control en frecuencia 124,90. LV-BR601.
- *Contact Baires Control, frequency 124,90, LV-BR601. Good Bye.*

... llamando a Baires Control ...

P: Baires Control, LV-BR601, cruzando 1000 ft, salida "Torul 1".
- *Baires Control, LV-BR601, passing 1000 ft, "Torul 1" departure.*

Aquí el control puede dar instrucciones específicas por ordenamiento de tránsito como ser: restricciones de altitud, vector radar, restricciones de velocidad, etc. Normalmente la comunicación ante una situación normal suele ser la siguiente:

C: LV-BR601, contacto radar, mantenga la salida.
- *LV-BR601, radar contact, mantain "Torul 1" departure.*

En esta comunicación, el control solicita que la aeronave mantenga la salida que fue asignada, lo que implica realizar el procedimiento tal cual esta descripto en la carta correspondiente, con sus restricciones (si la hubiese) y sus procedimientos de atenuación de ruido (si los hubiese).

Considerando esto, a continuación se analiza el desarrollo de la SID. Como se describe en el capitulo anterior, estudiando la SID en su punto 14 "Initial Climb", indica textualmente como realizar la salida desde la pista en uso. Para este caso en particular, la SID TORUL 1 hasta la transición URINO previo al ingreso a la aerovía de la ruta. Desde la pista 29 indica:

14

RWY	INITIAL CLIMB
11	After take-off turn RIGHT to intercept EZE R126, then follow the D10.0 Arc EZE to the RIGHT to intercept PTA R274 to EZE24/D18.6 EZE.
17	After take-off turn RIGHT to intercept EZE R183, intercept PTA R274 to EZE24/D18.6 EZE.
29	Climb runway heading to EZE11/D3.0 EZE, turn to heading 240°, then follow the D10.0 Arc EZE to the LEFT to intercept EZE R241 to EZE24/D18.6 EZE.
35	Climb runway heading to EZE1Ø/D3.0 EZE, turn to heading 275°, then follow the D10.0 Arc EZE to the LEFT to intercept EZE R241 to EZE24/D18.6 EZE.

ROUTING	
Turn LEFT, intercept EZE R241 to TORUL.	

TRANSITIONS	
ASADA	Continue on PTA R274 to ASADA.
URINO	Continue on PTA R274 to EZE15, then turn RIGHT and intercept GBE R324 to URINO.

15

59-00

"Climb runway heading until EZE10/D3 EZE, turn to heading 240°, then follow EZE 10 DME ARC to the left to intercept EZE R-241 until EZE24/D18.6 EZE".
"Ascender sobre rumbo de pista hasta EZE11/D3 EZE, viraje a rumbo 240°, luego seguir un ARCO de 10 NM por izquierda hasta interceptar el EZE R-241 HASTA EZE24/D18.6 EZE".

Posteriormente se deberá seleccionar el "punto de transición" como lo describe el punto 15 del detalle de la SID. En este caso según la ruta a seguir, será por la transición URINO, que indica lo siguiente:

ROUTING	
Turn LEFT, intercept EZE R241 to TORUL.	

TRANSITIONS	
ASADA	Continue on PTA R274 to ASADA.
URINO	Continue on PTA R274 to EZE15, then turn RIGHT and intercept GBE R324 to URINO.

15

-"Continue on PTA R-274 until EZE15, then turn right to intercept GBE R324 to URINO".

"Continuar por el radial 274 de PTA hasta EZE15, luego viraje derecha a interceptar el radial 324 de GBE y seguir hasta la posición URINO"

A continuación se analiza la práctica de este procedimiento sobre los instrumentos de navegación.

Ascender sobre rumbo de pista (289) hasta las 3 millas del VOR de EZE hasta EZE11 según la SID. Alcanzado éste punto, viraje al rumbo 240º hasta las 10 millas del VOR de EZE e incorporarse a un ARCO DME hasta el radial 241.

Viraje al rumbo 240º, notando que la aguja del RMI indica que el VOR esta quedando detrás del avión. Al llegar a las 10 NM y analizando que la aeronave esta en el radial 270 (indicado en la cola de la aguja), se inicia un ARCO DME por izquierda, volando a un rumbo que posicione a la aeronave a 90º del siguiente radial (260), quedando rumbo a adoptar 170º para interceptar el radial 260, tal y como fue detallado en el capítulo de RMI del libro *"Piloto Comercial"* de esta misma colección.

El ARCO DME continúa de la siguiente forma. Rumbo de interceptación (RI) 170º, siendo RI = 260 - 90. Nótese que el radial sigue siendo el 270, pero manteniendo este RI volarás hacia el radial buscado (260) y lo indicará la cola de la aguja.

Al llegar al radial 260, se repite el mismo procedimiento pero aplicado al próximo radial a cruzar (250), recordando la "Técnica del 10x10" para realizar un ARCO DME. En este caso sería: RI = 250 – 90 = 160°, para esperar la interceptación del radial 250, el cual se vera reflejado por la cola de la aguja.

Una vez alcanzado el radial 250, se debe volver a repetir la maniobra para buscar el ultimo radial que interviene en esta SID (R241). Según la SID, se debe realizar un ARCO DME hasta alcanzar el radial 241, y posteriormente alejar por el mismo hasta la posición EZE24 a 18.6 NM de distancia.

En este caso en particular se recomienda el uso del HSI para un trabajo en conjunto con el RMI, siendo el orden de operación, el siguiente:

1. Realizar el ARCO DME con el RMI, ya que es posible ver identificar, en todo momento, por que radial esta atravesando el avión.

2. Dejar seleccionado en el HSI el radial final del ARCO DME, radial por el cual, la aeronave va a alejar posterior a finalizar el ARCO DME. En este caso se deberá seleccionar el radial 241 y finalizado el ARCO, el vuelo continuará con el HSI que indicará la llegada del radial final con el desplazamiento de CDI.

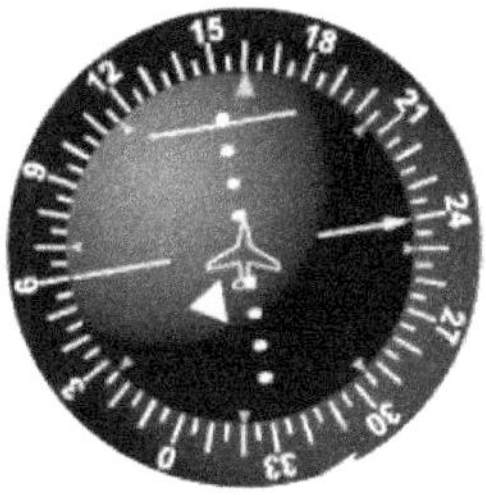

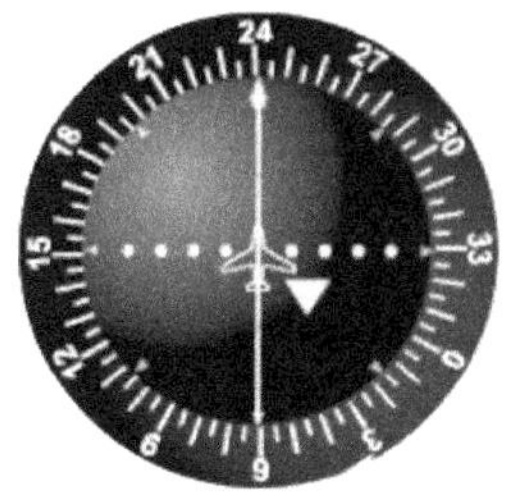

En esta imagen, el CDI del HSI comienza a acercarse al centro indicando que la aeronave se acerca al radial 241, por lo cual, se inicia el viraje hacia el rumbo final RF 241° por ser un alejamiento. A medida en que se acerque el radial 241, el CDI se irá centrando en la aguja central y la aeronave alejará por este radial 241 hasta las 18.6 NM, según lo indica la SID "Torul 1".

Con el CDI ya centrado, la aeronave continúa volando hasta EZE24 y es necesario anticiparse al próximo paso, alejar por el radial 274 del VOR de La Plata (PTA-274). Para esto, es necesario seleccionar dicha frecuencia para tener su información en el RMI, el cual se deberá dejar de utilizar con el VOR EZE al abandonar el ARCO. A medida en que nos la aeronave se acerca al punto EZE24 también se estará acercando al radial 274 de PTA, lo que se verá reflejado en el movimiento de la "Cola de la Aguja" del RMI, ya que ambos puntos están geográficamente en el mismo lugar.

Al llegar a PTA274, la aeronave se aleja por este radial utilizando el RMI como referencia, tal y como se observa en esta imagen, hasta la próxima posición de la SID, EZE15.

Al igual que en el paso previo a EZE24, donde se seleccionó la frecuencia del VOR de PTA, también aquí, es necesario seleccionar la frecuencia del VOR de GBE para alejarse por el radial 324 de GBE. Aquí se vuelve a volar con el HSI y será de suma importancia un correcto manejo del mismo, seleccionando el curso 324 a seguir, como lo muestra la esta imagen del instrumento.

A medida en que la aeronave se vaya acercando al punto EZE15, el CDI del HSI empezará a centrarse indicando que esta llegando al radial 324 de GBE y es aquí donde alejará por el mismo hasta la posición final URINO, según nuestra SID y previo a la incorporación en la aerovía que corresponda. Como en páginas anteriores, la indicación del HSI para alejar por el GBE-324 es la siguiente:

Llegando a este punto, has finalizado la SID “Torul 1” transición URINO y es aquí donde comienza la aerovía hacia el destino. Observa a continuación un extracto del rutero presentado en el capitulo de introducción y logra identificar a URINO como ingreso o inicio de la aerovía:

Remarcado con un circulo en el rutero, se observa como URINO es el punto de inicio de la aerovía y a su izquierda, marcado con otro circulo se encuentra el nombre y dirección de la aerovía: UA306 hacia el oeste.

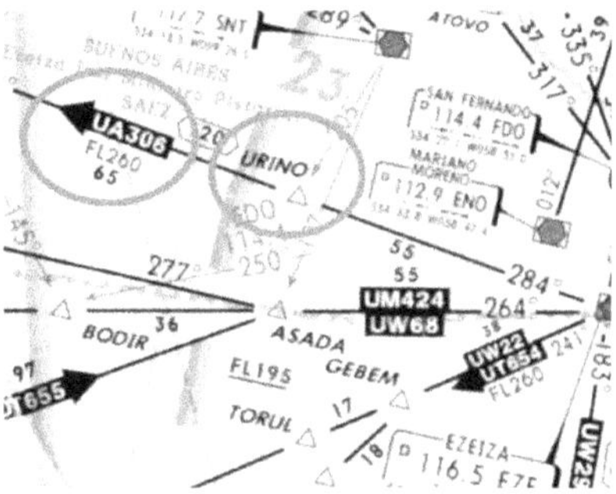

Cambio de control y ascenso final

- *"Final Climb"* –

Ahora bien, el vuelo continúa en ascenso hasta llegar a la fase de crucero. Aquí deberás intervenir en la comunicación para el cambio de control de transito aéreo:

P: Baires Control, LV-BR601, posición URINO, cruzando nivel de vuelo 150, estimando posición NUXIM a las 15:20 (UTC).
- *Baires Control, LV-BR601, URINO position, passing FL 150,* estimating NUXIM position at 15:20.

C: LV-BR601, recibido, contacte a Ezeiza control en 135.50. Adiós.
- *LV-BR601, roger, contact now Ezeiza Control 135.50. Good Bye.*

P: Contacto Ezeiza Control en 135.50, LV-BR601. Adiós.
- *Contact now, Ezeiza Control 135.50. LV-BR601. Good Bye.*

El cambio de control de transito aéreo se debe a que posterior a URINO, la aeronave estará volando dentro de un espacio aéreo fuera del alcance de "Baires Control", por lo que corresponde el control del vuelo lo lleve a cabo la dependencia correspondiente a este espacio aéreo.

… llamando a Ezeiza Control …

P: Ezeiza Control, LV-BR601, posición URINO, cruzando nivel de vuelo 160, estimando posición NUXIM a las 15:20 (UTC).
- *Baires Control, LV-BR601, URINO position, passing FL 160,* estimating NUXIM position at 15:20 (utc).

C: LV-BR601, contacto radar, asciende y mantiene nivel de vuelo 260 hasta Mendoza y notifica en posición TOSOR.
- *LV-BR601, radar contact, climb and mantain FL 260 until Mendoza, report TOSOR position.*

P: Asciende y mantiene nivel de vuelo 260 hasta Mendoza y TOSOR notifica, LV-BR601.
- *Climb and mantain FL 260 until Mendoza and report TOSOR position, LV-BR601.*

El vuelo ya ha sido autorizado a ascender hasta su nivel de vuelo final y sin restricciones. Es momento de pensar en algunos cálculos previos a iniciar la etapa de crucero.

Cálculos de ascenso

Tal como se estudió en el capítulo 1, los cálculos para la navegación pre-computada fueron aplicados a su formato básico. Corresponde ahora realizar el mismo cálculo pero aplicado a este vuelo en particular. Para ello, será necesario contar con algunos datos de la aeronave que serán aplicados al resto de la navegación.

NOTA: los siguientes datos son a modo de ejemplo y con la única finalidad del estudio de la navegación, por lo que no guardan ninguna similitud con ningún tipo de aeronave real. Debido a esto no deberán tomarse en cuenta para ningún caso practico ajeno a este libro.

DATOS DE ASCENSO

- **Velocidad de ascenso: 200 KT**
- **Rango de ascenso: 1500 Ft/Min.**
- **Consumo de ascenso: 150 LT.**

Al igual que en ejemplo del formato básico al inicio del capítulo 1, necesitamos descubrir tres interrogantes, tiempo, distancia y consumo hasta alcanzar el nivel de crucero, que en este caso será nivel de vuelo 260.

Tiempo: Si el avión asciende a 1500 pies por minuto, es necesario saber cuantos minutos tardará en llegar a 26000 pies, por lo que solo se deberá multiplicar 26000 por 1 y dividir el resultado por 1500 (regla de tres simple), obteniendo la cantidad de minutos requeridos:

$$T = \frac{26.000 \times 1}{1500} = \boxed{17 \text{ min}}$$

Distancia: si durante el ascenso, el avión recorre en 200 millas en 60 minutos, se necesita saber cuanto recorrerá en 17 min (tiempo obtenido previamente) por lo que se debe multiplicar 17 por 200 y dividirlo por 60 (regla de tres):

$$D = \frac{17 \times 200}{60} = \boxed{56 \text{ nm}}$$

Consumo: si el avión consume 150 litros en 60 minutos durante el ascenso, es necesario saber cuanto consumirá en 17 minutos (tiempo obtenido previamente) por lo que se debe multiplicar 17 por 150 y dividirlo por 60 (regla de tres):

$$C = \frac{17 \times 150}{60} = \boxed{42.5 \text{ nm}}$$

FL 260

Tiempo para alcanzar FL 260: 17 Min.

Distancia para alcanzar FL 260: 56 NM.

Consumo para alcanzar FL 260: 42.5 LT

IMPORTANTE: es de suma importancia tener en claro que cada navegación pre-computada se deberá realizar en tierra y previo a cada vuelo para llegar a iniciar el mismo con todos los cálculos obtenidos y chequeados.

Para este vuelo en particular y con el único fin de lograr una mejor asimilación a los procedimientos, se realizan los cálculos de la navegación pre-computada de cada tramo en su correspondiente fase de vuelo, los cálculos del ascenso en la fase de ascenso, los de crucero en la fase de crucero y los de descenso en la fase de descenso.

Tope de Ascenso

-Top of Climb -

Una vez que la aeronave llega al nivel de crucero has alcanzado el "Tope de Ascenso" conocido como TOC del ingles "Top of Climb". A los fines prácticos, se utiliza el TOC para identificar el momento justo en el que se debe nivelar la aeronave y pasar a la fase de vuelo crucero.

Por lo general, en este punto se suele informar al control del cambio de actitud de la aeronave ya que has alcanzado tu nivel previsto. Analiza la siguiente estructura de comunicación:

P: Ezeiza Control, LV-BR601, alcanzando nivel de vuelo 260,

estimando posición NUXIM a las 15:20 (UTC).

- *Ezeiza Control, LV-BR601, reaching flight level 260,*

estimating NUXIM position at 15:20 (utc).

C: LV-BR601, recibido, autorizado nivel de vuelo 260 hasta

Mendoza, notifique en posición TOSOR.

- *LV-BR601, roger, clear flight level 260 until Mendoza, report*

TOSOR position.

P: Autorizado nivel de vuelo 260 hasta Mendoza, TOSOR

Notifico, LV-BR601.

- *Clear FL 260 until Mendoza, report TOSOR, LV-BR601.*

Capítulo 3

Crucero

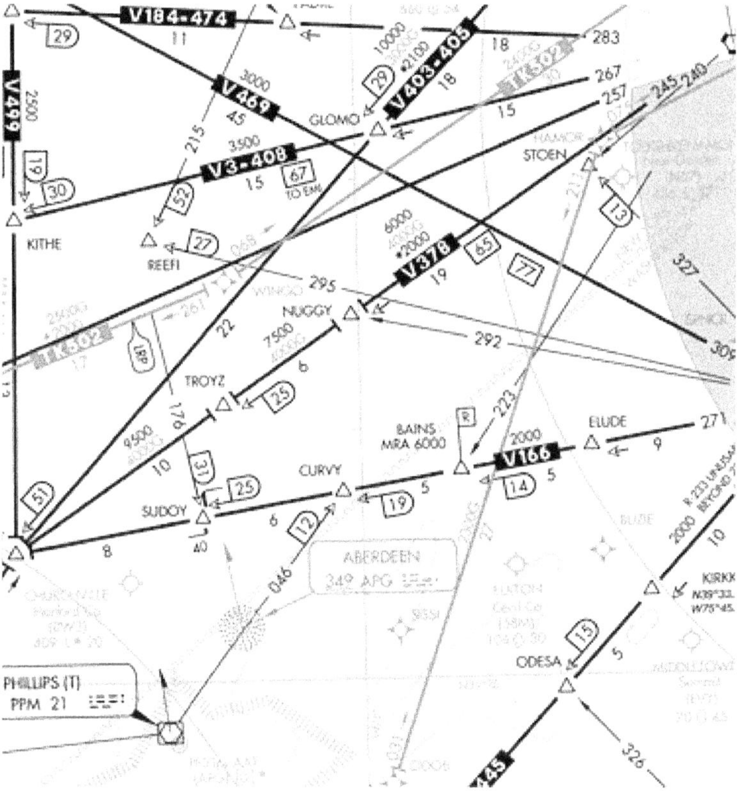

Etapa de vuelo crucero

Una interesante etapa del vuelo donde radica gran parte del tiempo de trabajo y donde es necesario aprender a gestionar ese tiempo para que juegue a tu favor. Los vuelos en la etapa de crucero suelen ser algo cansadores si te encuentras ante una prolongada navegación en vuelo recto y nivelado, pero existen ciertas herramientas que te ayudarán a vencer el aburrimiento y te mantendrán alerta durante todo el vuelo, estas indispensables herramientas son la ***"Planificación"*** y la ***"Anticipación"***.

Una adecuada planificación permitirá llegar a cada punto según lo planificado y junto con una correcta anticipación podrás evitar que factores externos afecten al plan de vuelo, como ser: condiciones de vientos cambiantes, restricciones del control de transito, condiciones meteorológicas y cualquier otro factor que afecte la planificación.

Ahora bien, existen otras herramientas como los "Ruteros Instrumentales" y sus diferentes puntos o signos diagramados a lo largo de toda la ruta. Comencemos entonces por aprender los nuevos términos que intervienen en esta etapa.

Nuevos Términos

Aerovía: ruta designada en el espacio aéreo. Las aerovías son establecidas entre varios elementos de ayuda a la navegación como los VOR, los NDB e intersecciones. Son nombradas con letras y números (UA306) y están divididas en dos clases, ***"Inferiores"*** y **"Superiores".**

Punto de notificación: refiere a un waypoint dentro de la aerovía al que se le da un nombre determinado y en el que se debería notificar al control que interviene en ese tramo. Pueden ser ***Obligatorios,*** identificados con un triangulo negro ▲ , o bien ***No Obligatorios***, identificados con un triangulo blanco△ .

Distancias: generalmente ubicadas junto al nombre de la aerovía, o bien, situada en el punto equidistante entre dos puntos de interés, indicando la distancia entre ambos.

Altitudes o Niveles de Vuelo: al igual que la distancia, esta información suele ubicarse junto al nombre de la aerovía e indicará la mínima altitud o nivel permitido en esa aerovía.

A continuación y a modo de ejemplo, se toma un extracto de la aerovía que interviene en esta navegación para intentar identificar estos nuevos términos y sus respectivos símbolos diagramados y ubicados a lo largo de las diferentes aerovías:

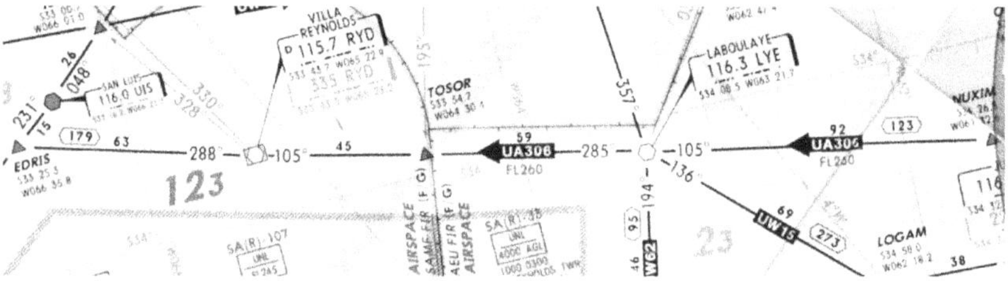

Analizando este extracto de la ruta, comienza de derecha a izquierda con el punto de notificación obligatorio identificado con un triangulo negro ▲y de nombre **NUXIM.**

A partir de aquí y hacia la izquierda, continúa la aerovía hasta el próximo punto identificado con el VOR LYE del aeropuerto de “Laboulaye”. En el medio de este tramo se encuentran tres datos muy importantes, **Aerovía, Distancia y Altitud Mínima,**

Como se puede ver, el nombre de la aerovía es **UA306**, debajo de este se encuentra al altitud o nivel mínimo permitido para dicha aerovía **(FL260)** y por encima del nombre de la misma, la distancia en millas náuticas desde NUXIM hasta el VOR LYE **(92 NM)**.

Finalizado el análisis de este extracto de aerovía, se han identificado los ítems de interés, por lo cual, ahora es tu turno!

Pregunta: Cual es la distancia desde VOR LYE hasta EDRIS?
A. 122 NM. B. 108 NM. C. 167 NM. D. 59 NM.

Comunicación en ruta

Tal como se ha explicado hasta aquí, lo esencial para una exitosa comunicación con el control se basa en respetar una estructura bien ordenada y sin palabras demás. La comunicación en ruta no es la excepción a esta regla, por lo que se debe respetar su correcta estructura:

P: Ezeiza Control, LV-BR601, posición NUXIM nivel de vuelo 260, estimando LYE a las 16:15 (utc), sigue TOSOR.
- *Ezeiza Control, LV-BR601, NUXIM position flight level 260,* estimating LYE position at 16:15 (utc), next TOSOR.

C: LV-BR601, recibido, cambie respondedor a 1324 y notifique en TOSOR.

- *LV-BR601, roger, change squawk 1324, report* TOSOR position.

Los cambios del código de respondedor en ruta suelen ser comunes e implican únicamente el cambio de código con el cual el control identifica a la aeronave en su radar. Un error muy común en la estructura de esta comunicación es, primero llamar al control únicamente con la identificación del vuelo, esperar su respuesta y recién ahí informarle de la posición y los demás datos. Este error común NO RESPETA la estructura e involucra palabras y tiempos de ocupación de la frecuencia que no son necesarios y que podrían interferir de forma negativa en las demás aeronaves.

A continuación se detalla un ejemplo de como se cometería este error para compararlo con la estructura de la pagina anterior:

P: Ezeiza Control, LV-BR601.
- *Ezeiza Control, LV-BR601.*

C: LV-BR601, adelante.
- *LV-BR601, go ahead.*

P: Ezeiza Control, LV-BR601, posición NUXIM nivel de vuelo 260, estimando LYE a las 16:15 (utc), sigue TOSOR.
- *Ezeiza Control, LV-BR601, NUXIM position flight level 260,* estimating LYE position at 16:15 (utc), next TOSOR.

C: LV-BR601, recibido, cambie respondedor a 1324 y notifique en TOSOR.
- *LV-BR601, roger, change squawk 1324, report* TOSOR position.

Este error involucra un tiempo innecesario de uso de la frecuencia de radio que podría ser de suma importancia si una aeronave esta en emergencia o bajo condiciones meteorológicas adversas. Si bien no existen normas establecidas por OACI sobre como deben ser las estructuras de comunicación, las expuestas en este manual respetan la fraseología estándar propuesta por este organismo internacional.

Cálculos en crucero

Llegando hasta este punto, te encuentras con uno de los pasos mas importantes de la etapa de crucero, los cálculos de tiempos, distancias y consumos, según los datos de performance de crucero que posee la aeronave. Aquí se debe tener en cuenta un paso muy importante. Para saber la distancia de crucero, es necesario restarle a la distancia total de la navegación, las distancias de ascenso y la distancia de descenso, por lo que deberías realizar los cálculos de descenso en esta etapa de crucero para tener la información necesaria y realizar la siguiente formula para obtener la distancia de crucero:

Dist.Cru. = DIST.TOTAL – Dist Asc – Dist Desc.

Sabiendo esto, comienza por obtener los datos del tramo de descenso para realizar los cálculos del mismo e identificar cuál será el punto justo en el rutero donde la aeronave comenzará con el descenso.

PERFORMANCE DE DESCENSO

- **Velocidad de descenso: 180 KT**
- **Rango de descenso: 1400 Ft/Min.**
- **Consumo de descenso: 100 LT.**

Tiempo: si el avión desciende 1400 pies en 1 minuto, es necesario averiguar cuanto tardará en descender 26000 pies:

$$T=\frac{26.000 \times 1}{1400}=\boxed{18.5\ min}$$

Distancia: si en 60 minutos el avión recorre 180 millas, cuántas recorrerá en 18 minutos? (tiempo previamente obtenido), quedando la siguiente formula:

$$D=\frac{18 \times 180}{60}=\boxed{54\ nm}$$

Consumo: si en 60 minutos el avión consume 100 litros, cuántos consumirá en 18 minutos? (tiempo previamente obtenido), quedando la siguiente formula:

$$C=\frac{18 \times 100}{60}=\boxed{30\ lt}$$

Obtenidos los resultados y resumiendo, se asume que la aeronave comenzará el descenso 54 millas antes de su destino. Ahora bien, el primer paso será calcular el total de la distancia de la ruta, para luego restarle la distancia de ascenso (previamente obtenida) y la distancia de descenso recientemente obtenida. Para obtener una distancia precisa, deberás sumar la distancia recorrida en la SID mas las distancias parciales de punto a punto expresadas en el rutero, como has visto anteriormente, y hasta llegar a tu destino. Si observas en páginas anteriores, aparece la ruta completa expresada en el rutero correspondiente pero la misma comienza desde EZE y va directo a URINO, punto donde finaliza la SID, por lo que en primera instancia, deberás sumar la distancia recorrida en la SID, y no la distancia recta ya que la SID presenta un camino diferente. Luego continuar sumando los tramos de la ruta. Analizando la SID en páginas anteriores, la suma de la distancia seria la siguiente:

EZE → EZE24 → EZE15 → URINO.

18.6 22.3 25.8

Como resultante se obtiene que la distancia recorrida en la SID es de **66.7** millas náuticas. Restará ahora, sumar esta distancia a la distancia total de la ruta que se detalla en el rutero. Ahora bien, llega nuevamente tu turno! Será tu tarea calcular la distancia total de la ruta que esta diagramada en el rutero, desde la posición Urino hasta Mendoza.

Cuál es la distancia total en ruta?

A. SID 66.7 + Ruta 411 = **Dist. Total 477.7 NM.**
B. SID 66.7 + Ruta 471 = **Dist. Total 537.7 NM.**
C. SID 66.7 + Ruta 426 = **Dist. Total 492.7 NM.**

Si has llegado al resultado y la opción fue la B, felicitaciones has hecho los cálculos correctos, la **Distancia Total es de 537.7 NM.** Obtenida ya la **DISTANCIA TOTAL (DT)**, puedes calcular la distancia del tramo de crucero. Revisando las páginas anteriores, la distancia de **ASCENSO (DA)** fue de **56 NM** y la distancia de **DESCENSO (DD)** será de **54 NM**, aplica entonces la siguiente formula para obtener la distancia de **CRUCERO (DC):**

DC = DT – DA – DD

DC = 537.7 – 56 – 54 = 427.7 NM

Distancia de Crucero: 427.7 Millas Náuticas.

Obtenida esta información, puedes continuar con los "Cálculos de Crucero" tal y como estaba previsto. Los próximos datos a obtener serán los de tiempo y consumo en base a los siguientes datos de performance de crucero de la aeronave y basados en la distancia que recorre el avión en este tramo.

PERFORMANCE DE CRUCERO

- **Velocidad de crucero: 280 KT.**
- **Consumo de ascenso: 130 LT.**

Tiempo: si el avión recorre 280 NM en 60 minutos, se necesita averiguar cuanto tardará en recorrer 428 NM (redondeando la distancia para arriba a favor del consumo), obteniendo la siguiente formula:

$$T = \frac{428 \times 60}{280} = \boxed{91.7 \text{ min}}$$

Consumo: si en 60 minutos el avión consume 130 litros, cuántos consumirá en 91 minutos? (tiempo previamente obtenido), quedando la siguiente formula:

$$C = \frac{91 \times 130}{60} = \boxed{197 \text{ lt}}$$

Habiendo llegado hasta aquí, has finalizado la navegación pre-computada con la información de los tres tramos (Ascenso – Crucero – Descenso). Obteniendo los datos del ascenso, los datos de descenso y los datos de crucero, es posible diagramar la navegación en un gráfico conocido como "Carpa" de navegación, donde es posible analizar los resultados de una forma fácil y práctica para luego ir chequeando los mismos en cada tramo e identificar variaciones en los resultados obtenidos.

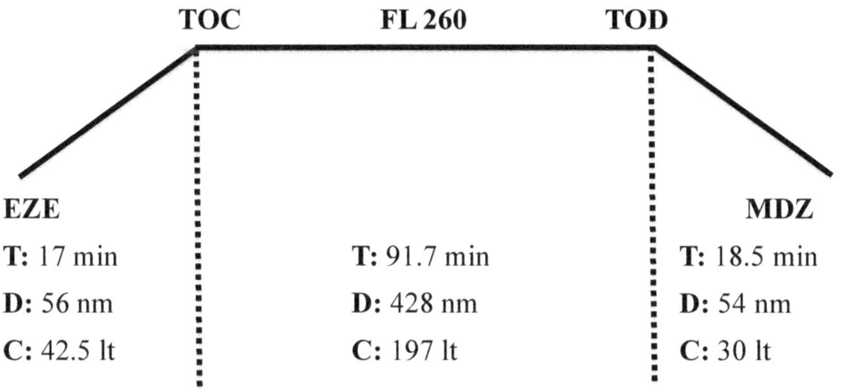

Tope de descenso

TOP OF DESCENT "TOD"

Próximo a alcanzar el punto de descenso, estas listo para obtener el "Tope de Ascenso" conocido como TOD del ingles "Top of Descent". A los fines prácticos, se utiliza el TOD para identificar el momento justo en el que la aeronave debe iniciar la reducción de potencia y pasar a la fase de vuelo de descenso. Aquí se deberá informar al control del cambio de actitud de la aeronave ya que abandonará el nivel asignado para atravesar diferentes niveles a medida en que vaya descendiendo.

P: Ezeiza Control, LV-BR601, listo para descenso.

- *Ezeiza Control, LV-BR601, ready to descent.*

C: LV-BR601, recibido, autorizado descenso hasta nivel de vuelo 100, notifique alcanzando.

- *LV-BR601, roger, clear descent to flight level 100, report reaching.*

P: Autorizado descenso a nivel de vuelo 100, notifico alcanzando.

- Clear descent to FL 100, report reaching, LV-BR601.

Una vez obtenido el TOD (en páginas anteriores), será de vital importancia identificarlo gráficamente en la ruta para contar con una ayuda visual de donde se debe iniciar el descenso.

Según los cálculos anteriores, la distancia al TOD es de 54 NM, por lo que a dicha distancia de llegar al destino, deberás comenzar el descenso. Analizando la ruta, se observa que el último punto es PAPIR y se encuentra a 55 NM, por lo que el TOD estará situado justo luego de pasar 1NM de la posición PAPIR y es allí donde se iniciará el descenso, coincidiendo justo, con el inicio del procedimiento de ingreso al terminal Mendoza, la STAR PAPIR 1 ARRIVAL, tema a desarrollar en el capitulo siguiente.

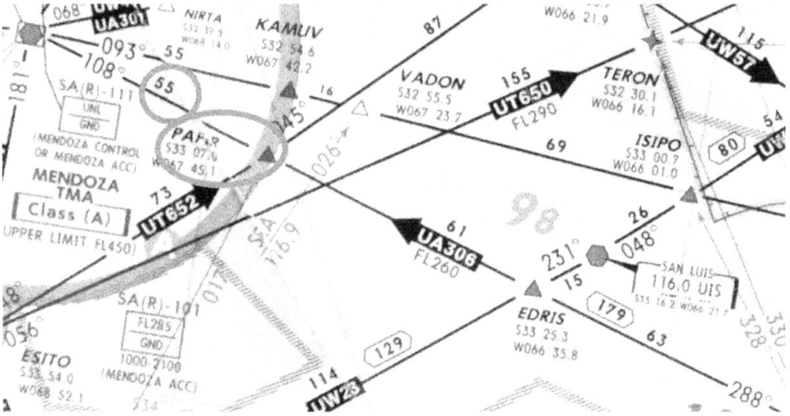

Capítulo 4

Descenso y Aproximación

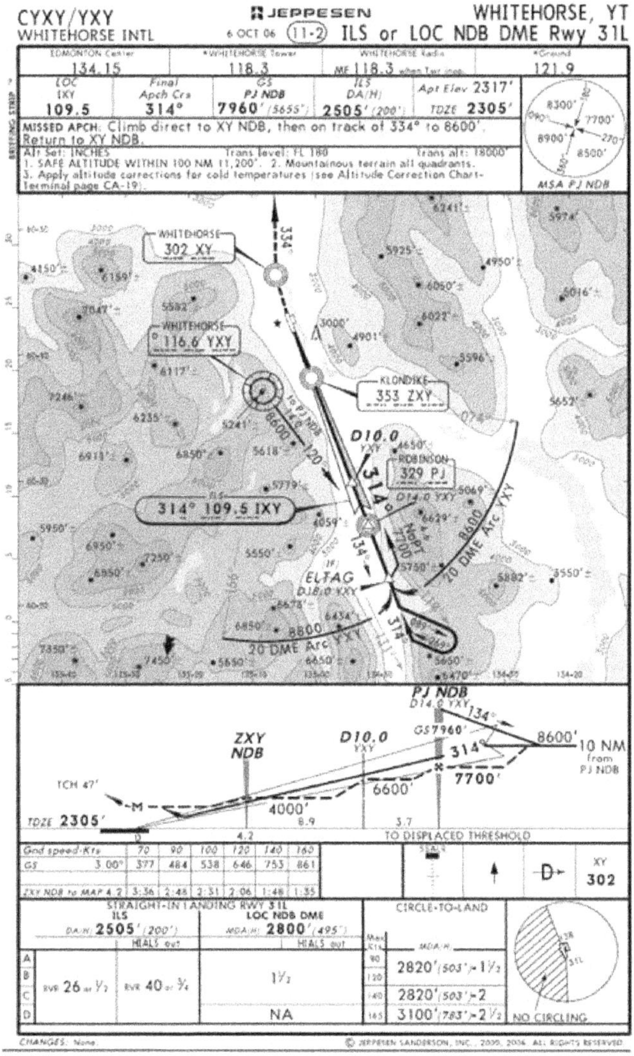

Aviation Bookstore
aviation step by step

Aviation Bookstore
aviation step by step

Descenso - *" D e s c e n t " –*

En la ultima comunicación el control autorizó el descenso hasta el nivel de vuelo 100. Próximos a llegar a la posición PAPIR, punto de ingreso al terminal MENDOZA y punto donde se encuentra el TOD, según los cálculos anteriores, el control de Ezeiza transfiere el vuelo al control Mendoza para futuras instrucciones:

C: LV-BR601, servicio radar terminado, comunica Mendoza Control en frecuencia 124.2. Adiós.

- *LV-BR601, radar Service terminated, contact now Mendoza Control on frequency 124.2. Good Bye.*

P: Contacto Mendoza Control en frecuencia 124.2 LV-BR601.

- *Contact Mendoza Control, frequency 124.2, LV-BR601. Good Bye.*

... cambio de frecuencia ...

P: Mendoza Control, LV-BR601, posición PAPIR, descendiendo a nivel de vuelo 100.

- *Mendoza Control, LV-BR601, PAPIR position, descending to FL 100.*

C: LV-BR601, recibido, autorizado descenso via PAPIR 1, notifique posición URERI.

- *LV-BR601, roger, clear descent via PAPIR 1 ARRIVAL, report URERI position.*

P: Autorizado descenso via PAPIR 1, URERI notifico. LV-BR601.

- *Clear descent via PAPIR 1 ARRIVAL, report URERI position. LV-BR601.*

Carta de Arribo Instrumental

- "Standard Terminal Arrival Route" - S T A R -

Las cartas de arribos instrumentales suelen ser de dos tipos: Las tradicionales, basadas en su mayoría en una o varias radioayuda terrestres como pueden ser una o varias estaciones VOR, junto con una o varias estaciones NDB, todas trabajando en conjunto para formar un diagrama de vuelo que conducirá a la aeronave desde el ultimo **"Waypoint"** de la aerovía, previo al ingreso del área terminal, hasta el punto conocido como IAF (Initial approach fix), donde inicia el procedimiento de aproximación según corresponda para la pista en uso del aeropuerto de destino (tema a desarrollar en capítulos posteriores).

El segundo tipo de STAR son las no tradicionales denominadas **RNAV STAR** *(Random NAVigation)*, basadas en sistemas RNP *(Required Navigation Performance)* y RNAV las cuales por definición son un método de navegación aérea basada en puntos que no se corresponden con radioayudas en tierra. El empleo de la navegación RNAV aporta una "mayor flexibilidad a las rutas", dado que no están restringidas a la ubicación geográfica de las radioayudas. Esta posibilidad de diseñar rutas más directas permite la descongestión del espacio aéreo y la disminución de los tiempos de vuelo. Ahora bien, para realizar una STAR RNAV son necesarios ciertos requisitos,:

- Equipamiento técnico especifico de la aeronave.
- Entrenamiento técnico de la tripulación.
- Autorización de la autoridad para la operación .

A continuación se muestra un ejemplo comparativo de ambas STARs, notando que, para cada caso, la trayectoria será diferente, pero en ambas se logra llegar al mismo punto de la aproximación, denominado IAF

(Initial Approach Fix). Ya que el destino, Mendoza, posee únicamente una RNAV STAR, tomaremos como ejemplo las STARs del Aeropuerto Internacional de San Carlos de Bariloche, Argentina.

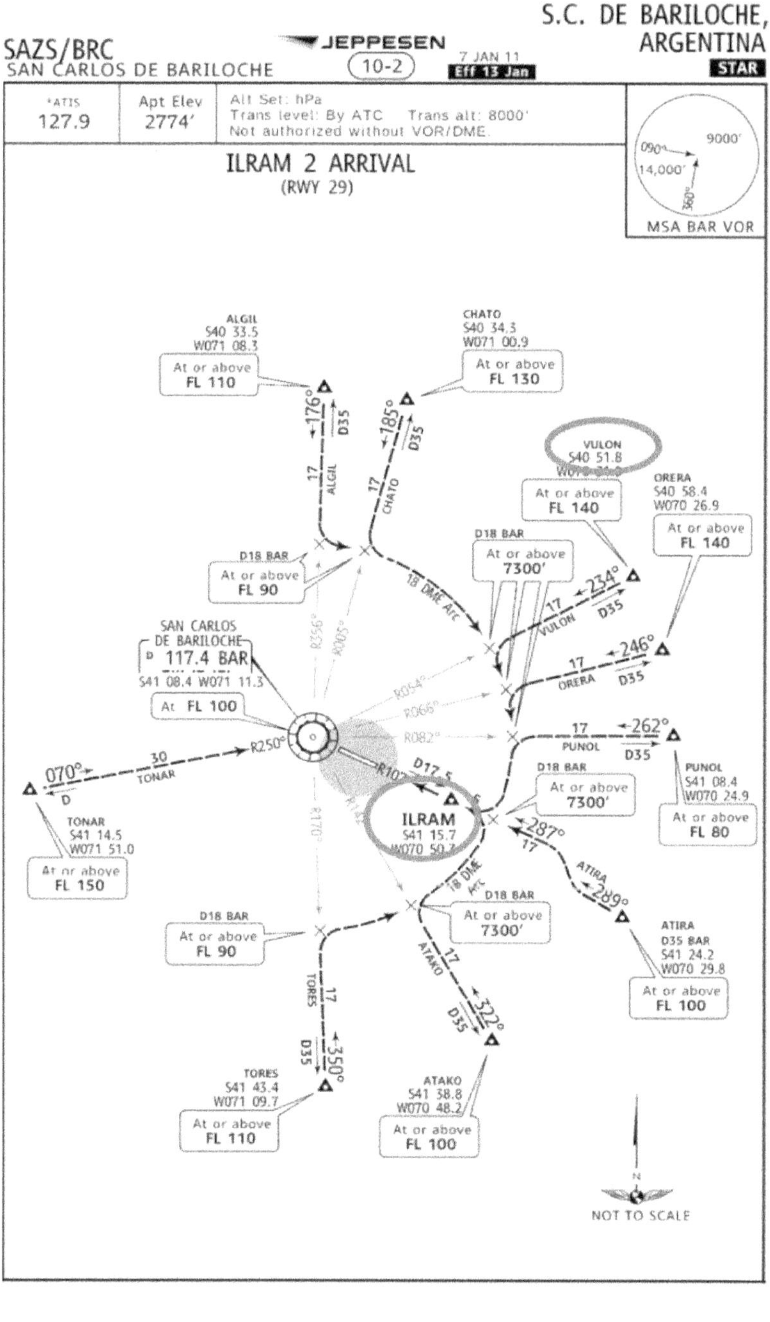

S.C. DE BARILOCHE, ARGENTINA

SAZS/BRC
SAN CARLOS DE BARILOCHE

JEPPESEN

(10-2A) 7 JAN 11 Eff 13 Jan

RNAV STAR

*ATIS	Apt Elev	
127.9	2774'	Alt Set: hPa Trans level: By ATC Trans alt: 8000' **1. RNP 1 required. 2. GNSS required. 3. No RADAR required.**

VULON 1 ARRIVAL (VULO1)

(RWY 29)

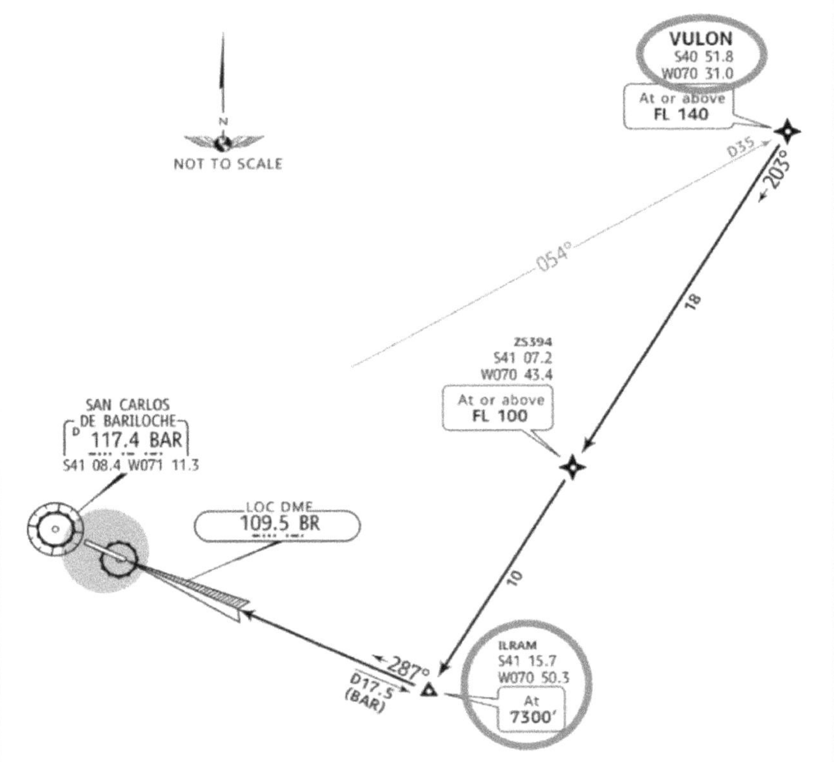

Presentadas las dos STARs, se notan ciertas diferencias. En primera instancia se nombran de forma diferente, por un lado la STAR tradicional llamada ILRAM 2 ARRIVAL, y por otro lado la RNAV STAR llamada VULON 1 ARRIVAL. Nótese que para ambos procedimientos, el punto de inicio es el mismo, el cual se encuentra marcado con un circulo y es llamado VULON.

Por otra parte, nótese también que el punto final de cada STAR, previo a iniciar la aproximación final, se denomina ILRAM y también coincide en ambas STARs. Ahora bien, cuál es entonces la diferencia entre un procedimiento y otro, si ambos comienzan y finalizan en los mismos puntos.

Una de las principales ventajas es la trayectoria entre uno y otro. En ILRAM 2 ARRIVAL, se debe realizar un ARCO DME, atravesando diferentes radiales hasta llegar a ILRAM. Pero en VULON 1 ARRIVAL, la trayectoria es mas directa, bastará con seguir una trayectoria recta pasando por un punto intermedio hasta llegar a ILRAM.

Otra de las principales ventajas de operar una RNAV STAR es la independencia de estas con respecto a las radio ayudas, pudiendo estar las mismas inoperativas y continuar con la STAR sin restricciones. Lo cual no sucedería en la STAR tradicional ya que tiene como requerimiento una radio ayuda terrestre, en este caso la estación VOR del Aeropuerto Internacional de San Carlos de Bariloche.

En tu destino, Mendoza, figura **"RNAV STAR"** como único procedimiento de ingreso. Las STAR, suelen tener también, ciertas restricciones o limites de velocidad y de descenso, como así también es común encontrarse con lo que se denomina ***"Requerimientos Obligatorios"***, como pueden ser el correcto funcionamiento de una determinada radio ayuda o equipamiento de la aeronave:

1. Designación OACI y nombre del aeropuerto.
2. Fecha de publicación y designación numérica del fabricante.
3. Nombre del aeropuerto, de la ciudad y del país.
4. Frecuencia del ATIS y elevación en pies del aeropuerto.
5. Información de requerimientos.
6. Nombre de la STAR según el punto de ingreso.
7. Altitudes mínimas del sector desde el VOR Mendoza.
8. *"Final approach Fix"* punto intermedio donde termina la STAR y comienza la APPROACH Chart.
9. *"Waypoints"* de inicio a la STAR.
10. Referencia visual con respecto al norte.

SAME/MDZ 1 — 2 JEPPESEN — MENDOZA, ARGENTINA

EL PLUMERILLO — 12 JUL 19 (10-2A) Eff 18 Jul — 3 — RNAV STAR

4 ATIS	Apt Elev	Alt Set: hPa Trans level: By ATC
127.6	2310	**1. RNP 1/RNAV 1 certification required.** **2. GNSS required.** 5

DOSLO 2Q [DOSL2Q], MEBRA 2Q [MEBR2Q]
PAPIR 2Q [PAPI2Q], SALBO 2Q [SALB2Q]
RNAV ARRIVALS
(RWY 36) 6

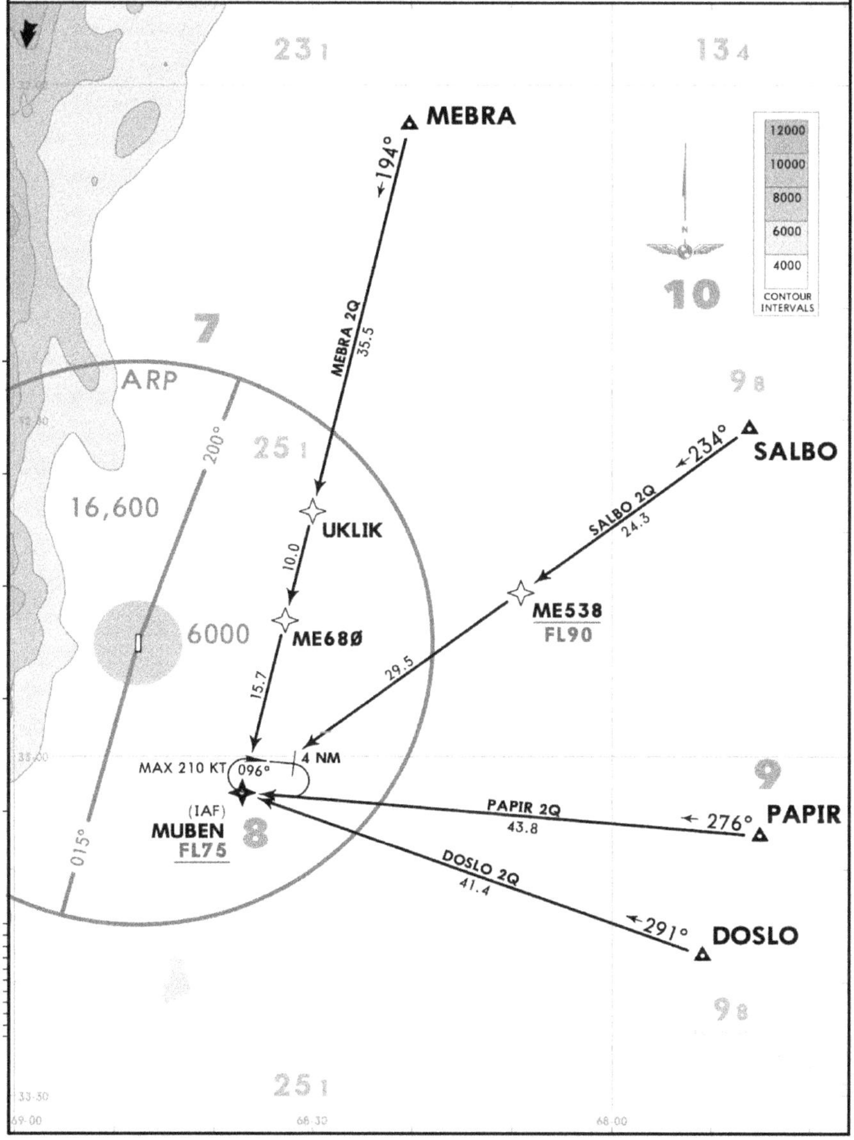

Retomando el vuelo, es momento de contactar a Mendoza Control para continuar el descenso:

... cambio de frecuencia ...

P: Mendoza Control, LV-BR601, posición PAPIR, descendiendo a nivel de vuelo 100.

- Mendoza Control, LV-BR601, PAPIR position, descending to FL 100.

C: LV-BR601, recibido, autorizado descenso via PAPIR 1, notifique posición URERI.

- LV-BR601, roger, clear descent via PAPIR 1 ARRIVAL, report URERI position.

P: No apto para realizar procedimiento RNAV, solicito vector radar para aproximación en uso. LV-BR601.

- Unable to RNAV Procedure, request radar vector for approach. LV-BR601.

C: LV-BR601, recibido, mantenga rumbo 288 directo al VOR MDZ y autorizado descenso para nivel de transición. Notifique alcanzando.

- LV-BR601, roger, mantain heading 288 direct to MDZ VOR and descent to transition level. Report reaching.

P: Recibido, rumbo 288 directo al VOR MDZ, descenso a nivel de transición y notifico alcanzando, LV-BR601.

- Roger, heading 288 direct to MDZ VOR, descent to transition level and report reaching. LV-BR601.

Respetando las indicaciones del control, de la siguiente manera indicarían los instrumentos de navegación ante dichas instrucciones:

RMI:

En el RMI se observa como la punta de la flecha indica el curso final que se esta siguiendo (288). Por lo cual la aeronave esta ingresando por el Radial 108 del VOR MDZ.

HSI:

En el HSI se observa como la punta de la flecha indica el curso final que se esta siguiendo (288) y se nota que el indicador TO/FROM esta en TO por lo que se leerá el Radial de abajo, siendo este el radial de ingreso 108 respecto al VOR MDZ.

Cambio de instrucciones

Ahora bien, ¿que sucedería si el control cambia la instrucción y por ordenamiento de un transito saliente, solicita ingresar por otro radial?. La estructura de comunicación podría ser similar a la siguiente:

C: LV-BR601, por ordenamiento de transito ingrese por el radial 150, directo al VOR MDZ y continúe descenso a nivel de transición.

- *LV-BR601, due to traffic, direct to MDZ VOR Radial 150 inbound, and continue descending to transition level.*

P: Recibido, ingreso por el radial 150 directo al VOR MDZ y descendiendo a nivel de transición. LV-BR601.
- *Roger, direct to MDZ VOR Radial 150 Inbound and descending to transition level. LV-BR601.*

Visto de una manera simple, podría resumirse en un simple "Cambio de Radiales" o un simple "Ingreso" con RMI o HSI, tal cual fue detenidamente explicado en el libro "Piloto Comercial" de esta colección. De todas formas, para refrescar conocimientos y seguir practicando, a continuación se detalla el procedimiento solicitado por el control y se explica paso a paso como aplicarlo en ambos instrumentos.

Escenario:

- Ingresando por el radial 108 (curso 288).
- Instrucción: ingresar por el radial 150 (curso 330).

Recordando que la diferencia desde el radial actual al radial solicitado es menor a 90 radiales, se debe optar por la primera opción de ingresos que, aplicada al RMI, describe lo siguiente:

Procedimiento aplicado al RMI

1. Calcular y adoptar rumbo de interceptación. Siendo un ingreso, sumamos 90 al radial solicitado, resultando: 150° + 90° = 240°. El rumbo de interceptación a adoptar será rumbo

240°, tal como se muestra en la figura y manteniendo el mismo hasta que la cola de la aguja llegue al radial buscado (radial 150), tal como lo muestras las imágenes siguientes:

2. En este segundo paso, luego de que la aguja paso por los radiales previos, tal como lo muestra la figura de la pagina anterior, se procede a adoptar el rumbo final o Curso de Ingreso. En este caso será rumbo 330° para estar ingresando por el radial 150 del VOR de MDZ.

Procedimiento aplicado al HSI

Tal como se ha estudiado previamente, el procedimiento de ingreso es universal e independiente del instrumento a utilizar. Por lo que la forma de obtener el rumbo de interceptación será idéntica a la anterior.

1. Calcular y adoptar rumbo de interceptación. Sumar 90° al radial solicitado, siendo: 150° + 90° = 240°. El rumbo a adoptar será 240°. Notando que, a diferencia del RMI, en el HSI es necesario tomar una segunda acción, se debe seleccionar el

curso final, en este caso 330. Observando que el CDI queda completamente desplazado a la izquierda de la selección y el indicador TO/FROM, indica hacia arriba por lo que se leerá como indicación en TO.

2. En este segundo y ultimo paso, se observa como a medida en que la aeronave se acerca al radial deseado, el CDI comienza a centrarse. Aquí es donde se debe realizar un viraje por derecha hacia el rumbo o curso final, acompañando el recorrido del CDI para lograr llegar al curso 330 al mismo tiempo que el CDI llega al centro de la aguja, tal como lo muestra la figura siguiente:

A continuación se detalla como será la estructura de comunicación para el siguiente paso, donde se debe volver a cambiar de frecuencia y contactar a Mendoza Torre para iniciar la aproximación a la pista en uso. La aeronave esta descendiendo para el nivel de transición, ingresando por el radial 150 y a punto de cambiar de frecuencia para contactar a la torre de Mendoza, quien brindará las instrucciones finales para la aproximación final y aterrizaje en la pista en uso.

Aproximación instrumental

- *"Instrumental Approach"* –

Bienvenido a la fase de aproximación instrumental. Es aquí donde se analizan los cambios de frecuencias de radio y sus estructuras de comunicación, los procedimientos instrumentales disponibles para el aeropuerto de destino, y la aplicación práctica a los instrumentos de vuelo. Comienza con la correcta estructura de comunicación mencionada en la página anterior:

P: Mendoza Control, LV-BR601, establecido en el Radial 150, descendiendo a nivel de transición.

- *Mendoza Control, LV-BR601, establish radial 150 inbound, descending to transition level.*

C: LV-BR601, recibido, contacte a Mendoza Torre en frecuencia 119.9. Adios.

- *LV-BR601, roger, contact now Mendoza Tower on frequency 119,9. Good bey.*

... cambio de frecuencia...

P: Mendoza Torre, LV-BR601, establecido en el Radial 150, alcanzando nivel de transición.

- *Mendoza Control, LV-BR601, establish radial 150 inbound, reaching transition level.*

C: LV-BR601, recibido, autorizado procedimiento numero uno VOR ILS DME para pista 36, viento calmo, QNH 1013, turno 1 para aproximación, notifique establecido en el ILS.

- *LV-BR601, roger, clear to approach, chart number one, runway 36, wind calm, QNH 1013, number one for approach, report ILS stablished.*

P: Recibido, autorizado procedimiento numero uno, pista 36, QNH 1013, notifico establecido en ILS. LV-BR601.

- *Roger, clear to approach, chart number one, runway 36, QNH 1013, and report ILS stablished. LV-BR601.*

Nos detendremos un momento para analizar que sucedió en esta estructura de comunicación. Al contactar a Mendoza torre, la aeronave le informa que esta llegando al nivel de transición en el radial solicitado. Ahora bien, el control autoriza a realizar la aproximación numero uno, brinda la información de pista, viento y presión, para luego solicitar que se notifique una vez que la aeronave este establecida en el ILS.

Planificación de la aproximación

Al llegar a la aproximación, existen ciertas cuestiones a tener muy en cuenta, como ser:

- El análisis de los procedimientos disponibles y del procedimiento autorizado a realizar.
- Desarrollo del "Briefing de Aproximación" en cuál se incluye todos los detalles de la carta a utilizar, los procedimientos normales y anormales.
- Análisis de la información actualizada de la pista en uso.
- Frecuencias a utilizar durante la aproximación y posterior a la misma.
- Y todo detalle que tenga relevancia en cuanto a la segura y ordenada aproximación hasta llegar al aterrizaje.

Carta de aproximación instrumental

-"Instrumental Approach Chart"–

Es momento de comenzar con el análisis de los procedimientos de aproximación instrumental de este aeropuerto, el cual posee 4 procedimientos de precisión ILS y 2 procedimientos de "no precisión" VOR. A los fines prácticos estudiaremos los mas complejos, los conocidos como "Procedimientos de Precisión" o ILS (Instrument Landing System). A continuación se analiza cada uno de sus puntos y detalles:

SAME/MDZ — JEPPESEN — **MENDOZA, ARGENTINA**

EL PLUMERILLO — 24 NOV 23 (11-2) **Eff 30 Nov** — **ILS Y Rwy 36**

ATIS	MENDOZA Control	MENDOZA Approach	MENDOZA Tower	Ground
127.6	124.2	119.9	119.9	121.95

LOC	Final Apch Crs	ME621	ILS DA(H)	Apt Elev 2310'
DO **109.9**	**001°**	**5000'** (2690')	**2527'** (217')	Rwy 2310'

MISSED APCH: Climb on runway heading until 3000', then turn RIGHT to intercept DOZ VOR R-052 to UKLIK reaching minimum 5700', hold climbing to 6000' or as directed by ATC.

Alt Set: hPa — Rwy Elev: 82 hPa — Trans level: By ATC — Trans alt: 6000'

DME required.

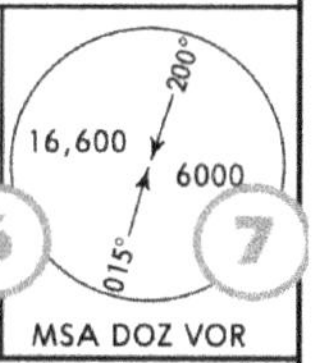

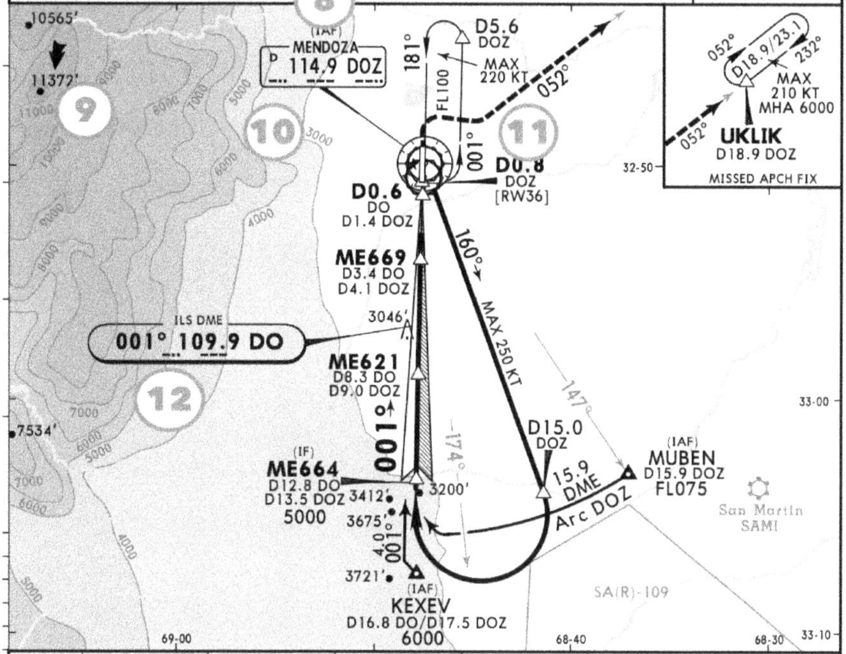

LOC (GS out)	DIST to THR	ME621	5.0	3.0	2.0	1.3
	ALTITUDE	5000'	3950'	3320'	3000'	2770'

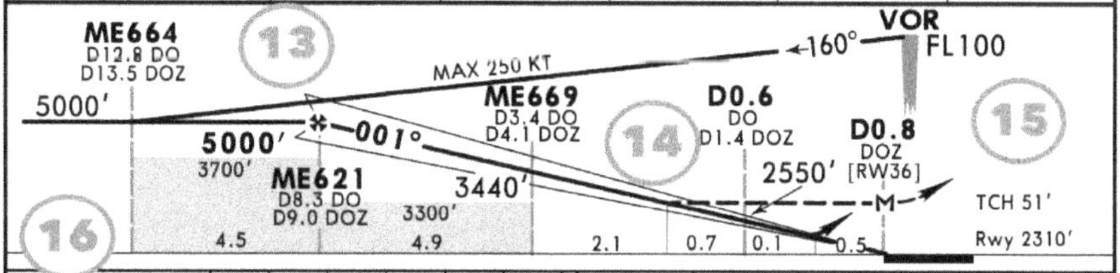

Gnd speed-Kts		70	90	100	120	140	160
GS	3.00°	372	478	531	637	743	849
MAP at D0.8 DOZ							
ME621 to MAP	8.3	7:07	5:32	4:59	4:09	3:33	3:07

PAPI	3000' ↑	Rwy hdg	RT	DOZ 114.9 R-052

	STRAIGHT-IN LANDING RWY36		CIRCLE-TO-LAND
	ILS DA(H) **2527'** (217')	**LOC (GS out)** MDA(H) **2770'** (460')	
A	1200m	2300m	NA
B			
C		2500m	
D			

1) Designación OACI y nombre para el aeropuerto.

2) Fecha de publicación y vigencia del documento.

3) Ciudad y país del aeropuerto, junto con el numero de procedimiento, el tipo del mismo y la pista aplicable.

4) Línea de las diferentes frecuencias que intervienen en dicho procedimiento.

5) Datos relevantes para la aproximación final, como ser: frecuencia del ILS, curso final, punto de chequeo medio, altitud de decisión, elevación de aeropuerto y de pista.

6) Detalle en texto claro del procedimiento de "Aproximación Frustrada" o comúnmente llamado "Escape".

7) Diagrama de altitudes mínimas de seguridad en el sector.

8) Aclaraciones para la aplicación del procedimiento, como ser: altitud de transición. Nótese remarcado en letra NEGRA, con el numero 1 como indicador, una restricción obligatoria para el uso de este procedimiento.

9) Altitudes de los picos máximos en las elevaciones de la zona.

10) Radio ayuda a utilizar indicada como el IAF (Initial Approach Fix).

11) Diagrama horizontal detallado del trayecto a seguir por nuestra aeronave. Incluye: datos de la "Espera Publicada", radial de alejamiento, distancia del viraje de procedimiento, curso final, distancias intermedias durante el ILS y finalmente en línea punteada la dirección del "Escape".

12) Frecuencia principal del procedimiento y curso final.

13) Vista del perfil vertical del descenso y aproximación. Este incluye el curso de alejamiento desde el VOR hasta el viraje de procedimiento y la altitud a alcanzar en el mismo.

14) Perfil vertical del ILS. Incluye distancias y puntos intermedios de chequeo hasta llegar al punto de decisión indicado con una distancia y altitud mínima.

15) Datos de pista. Incluye numero de cabecera, elevación y distancia al punto de toque de nuestra aeronave.

16) Perfil de referencia numérica para un planeo de 3 grados en base a la velocidad de descenso de nuestra aeronave.

17) Sistema de luces disponibles en la aproximación y ayuda de reconocimiento rápido del procedimiento de "Aproximación Frustrada" o "Escape".

18) Mínimos de visibilidad y altitudes con el sistema de ILS completo y con el sistema de ILS incompleto (únicamente LOC y sin GS).

Habiendo analizado los detalles de este procedimiento, a continuación se observan los procedimientos de precisión y de no precisión que ofrece el Aeropuerto Internacional de Mendoza.

SAME/MDZ — JEPPESEN — MENDOZA, ARGENTINA

EL PLUMERILLO — 24 NOV 23 (11-1) Eff 30 Nov — **ILS Z Rwy 36**

ATIS	MENDOZA Control	MENDOZA Approach	MENDOZA Tower	Ground
127.6	124.2	119.9	119.9	121.95

LOC DO	Final Apch Crs	ME621	ILS DA(H)	
109.9	**001°**	**5000'**(2690')	**2527'**(217')	Apt Elev 2310' Rwy 2310'

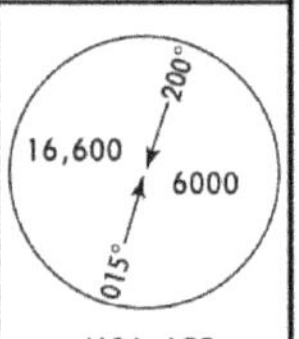

MISSED APCH: Climb on course 001° to ME969, then turn RIGHT to intercept course 052° to UKLIK reaching minimum 5700', hold climbing to 6000' or as directed by ATC.

Alt Set: hPa — Rwy Elev: 82 hPa — Trans level: By ATC — Trans alt: 6000'

RNP Apch

DME required.

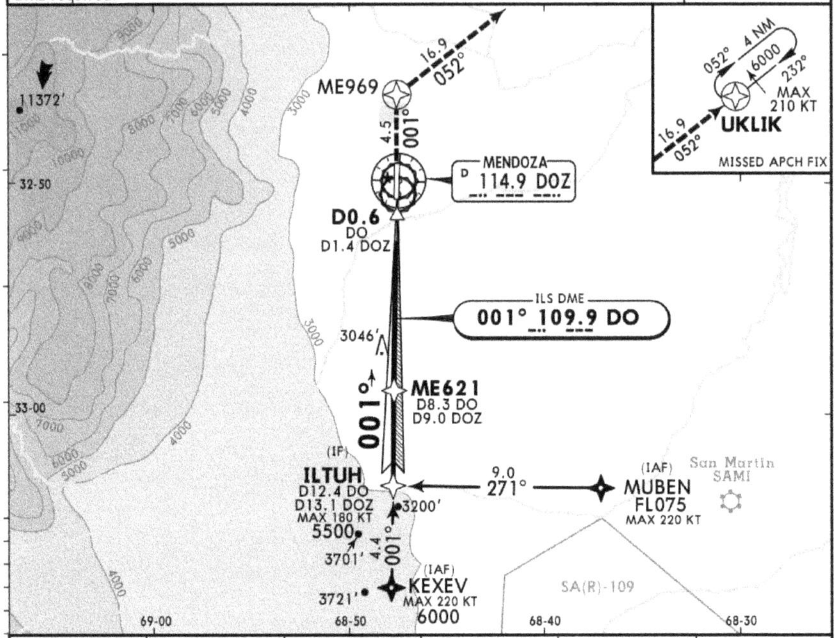

DIST to RW36	ME621	5.0	3.0	2.0	0.5
ALTITUDE	5000'	3950'	3320'	3000'	2527'

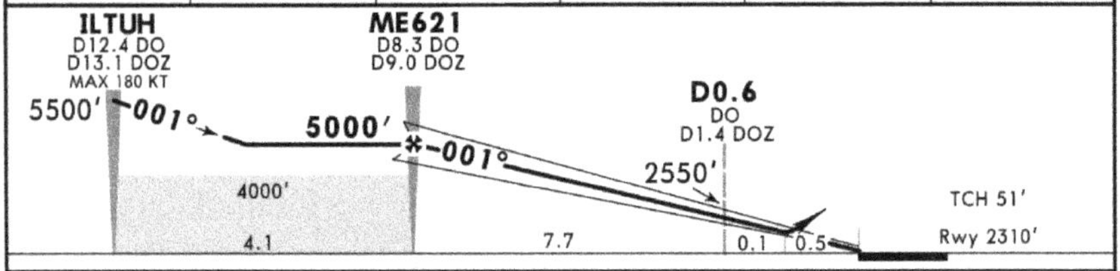

Gnd speed-Kts		70	90	100	120	140	160
GS	3.00°	372	478	531	637	743	849
ME621 to THR	8.3	7:07	5:32	4:59	4:09	3:33	3:07

PAPI — ↑ on 001° **ME969**

	STRAIGHT-IN LANDING RWY 36 ILS DA(H) **2527'**(217')	CIRCLE-TO-LAND
A B C D	1200m	NA

SAME/MDZ JEPPESEN **MENDOZA, ARGENTINA**

EL PLUMERILLO 24 NOV 23 (13-1) Eff 30 Nov **VOR Rwy 18**

ATIS	MENDOZA Control	MENDOZA Approach	MENDOZA Tower	Ground
127.6	124.2	119.9	119.9	121.95

VOR DOZ	Final Apch Crs	MEØ47	MDA(H)	Apt Elev 2310'
114.9	**179°**	**4300'** (2010')	**2700'** (410')	Rwy 2290'

MISSED APCH: Climb to 6000', turn LEFT to intercept DOZ VOR R-119 outbound until SUCUA, holding and as directed by ATC.

Alt Set: hPa Rwy Elev: 81 hPa Trans level: By ATC Trans alt: 6000'

DME Required.

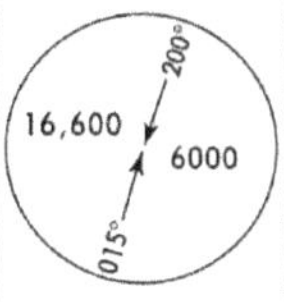

MSA DOZ VOR

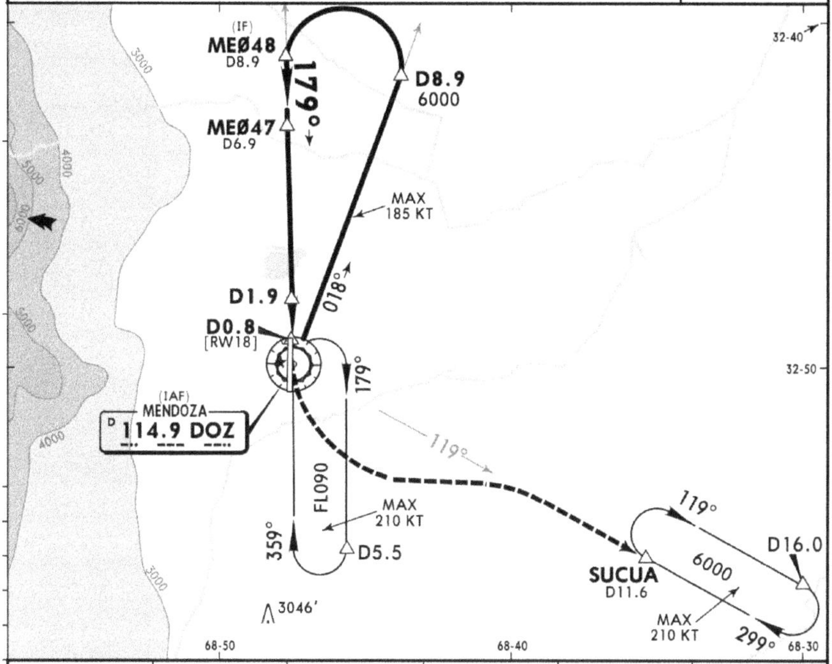

DIST to RW18	6.1	4.0	3.0	2.0	1.1
ALTITUDE	4300'	3627'	3305'	2983'	2700'

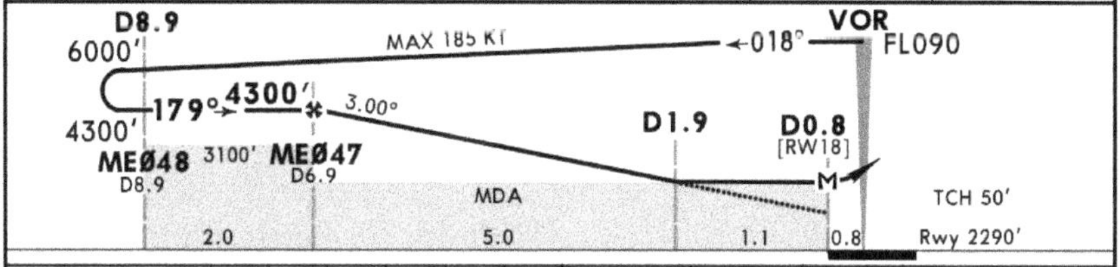

Gnd speed-Kts		70	90	100	120	140	160
Descent Angle	3.00°	372	478	531	637	743	849
MAP at D0.8							
FAF to MAP	6.1	5:14	4:04	3:40	3:03	2:37	2:17

PAPI-L | **6000'** ↑ | LT ↰ | DOZ **114.9** **R-119**

STRAIGHT-IN LANDING RWY18	CIRCLE-TO-LAND
MDA(H) **2700'** (410')	
A B: 2100m	NA
C D: 2300m	

SAME/MDZ

EL PLUMERILLO

JEPPESEN

24 NOV 23 (13-2) Eff 30 Nov

MENDOZA, ARGENTINA

VOR Rwy 36

ATIS	MENDOZA Control	MENDOZA Approach	MENDOZA Tower	Ground
127.6	124.2	119.9	119.9	121.95

VOR DOZ	Final Apch Crs	ME677	MDA(H)	Apt Elev 2310' / Rwy 2310'
114.9	003°	5000' (2690')	2790' (480')	

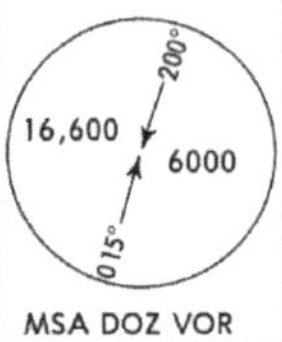

MISSED APCH: Climb on DOZ VOR R-003 until reaching 3000', then turn RIGHT climbing to 6000' to intercept DOZ VOR R-052 to UKLIK, holding or as directed by ATC.

Alt Set: hPa Rwy Elev: 82 hPa Trans level: By ATC Trans alt: 6000'

DME Required.

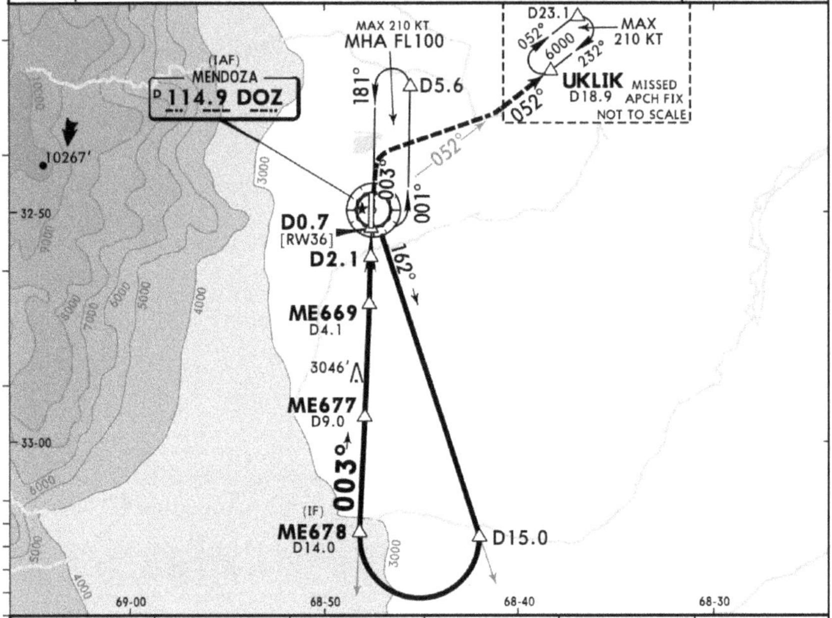

DIST to RW36	8.3	4.0	3.0	2.0	1.4
ALTITUDE	5000'	3633'	3315'	2996'	2790'

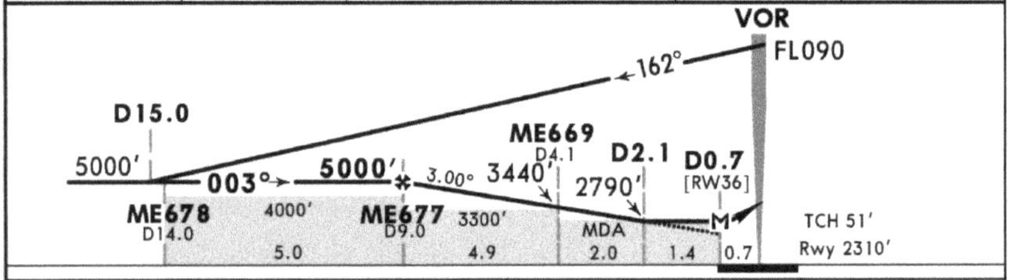

Gnd speed-Kts		70	90	100	120	140	160
Descent Angle	3.00°	372	478	531	637	743	849
MAP at D0.7							
FAF to MAP	8.3	7:07	5:32	4:59	4:09	3:33	3:07

PAPI

3000' on DOZ 114.9 R-003 — 6000' RT

	STRAIGHT-IN LANDING RWY36	CIRCLE-TO-LAND
	MDA(H) 2790' (480')	
A	2400m	NA
B	2400m	NA
C	2600m	NA
D	2600m	NA

1) *¿Donde se ubica el IAF en los procedimientos numero 2, 3 y 4?*
2) *¿Cuales son (si los hay) los requisitos obligatorios para los procedimientos numero 2, 3 y 4?*
3) *¿Cuál es la Altitud de Decisión para cada procedimiento?*

Briefing de aproximación
-"Approach Briefing"–

Hasta aquí, has analizado recuencias, cursos, altitudes intermedias y mínimas, posibles procedimientos de "Aproximación Frustrada" o "Escape" y demás detalles afines a un correcto desarrollo del procedimiento. A continuación se analiza el orden lógico de un correcto briefing de aproximación, incluyendo datos relevantes a las condiciones meteorológicas, NOTAMS y restricciones de la zona.

1) Meteorología y NOTAMS:

Considerando: la dirección e intensidad del viento, como afecta el mismo (de frente, de costado, de cola) y las consideraciones de operación para tal caso. Datos de QNH y QFE. Presencia de nubosidad riesgosa (CB) y toda información que se crea relevante para la aproximación. Luego siguen los NOTAMS, tanto del aeropuerto de destino como de la alternativa. Considerando: restricciones de pista, de calles de rodaje e intersecciones. Restricciones de frecuencias y toda restricción que afecte a la operación.

2) Carta de aproximación:

SAME/MDZ JEPPESEN MENDOZA, ARGENTINA
EL PLUMERILLO 24 NOV 23 (11-2) Eff 30 Nov ILS Y Rwy 36

ATIS	MENDOZA Control	MENDOZA Approach	MENDOZA Tower	Ground
127.6	124.2	119.9	119.9	121.95

LOC	Final Apch Crs	ME621	ILS DA(H)	Apt Elev 2310′
DO **109.9**	**001°**	**5000′**(2690′)	**2527′**(217′)	Rwy 2310′

MISSED APCH: Climb on runway heading until 3000′, then turn RIGHT to intercept DOZ VOR R-052 to UKLIK reaching minimum 5700′, hold climbing to 6000′ or as directed by ATC.

Alt Set: hPa Rwy Elev: 82 hPa Trans level: By ATC Trans alt: 6000′
DME required.

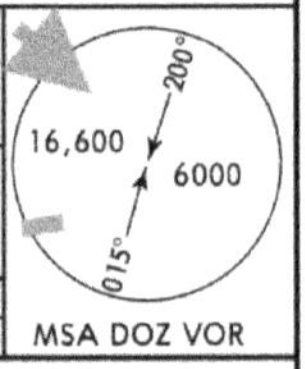

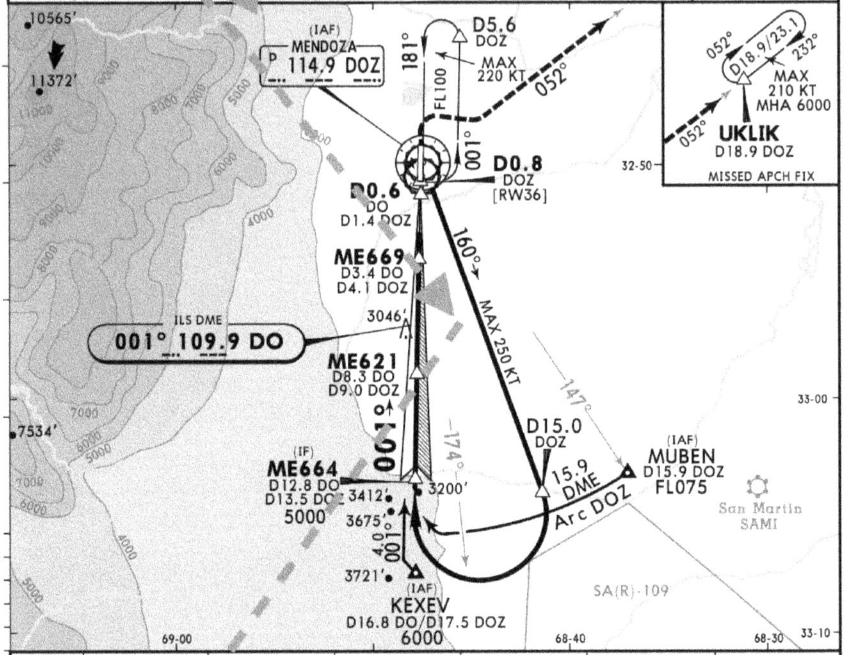

LOC (GS out)	DIST to THR	ME621	5.0	3.0	2.0	1.3
	ALTITUDE	5000′	3950′	3320′	3000′	2770′

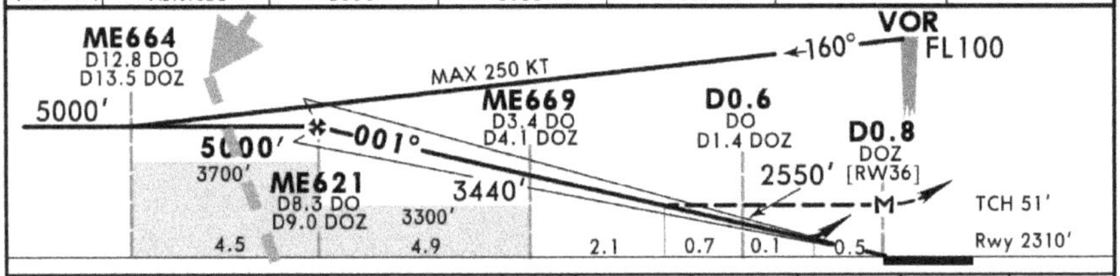

Gnd speed-Kts		70	90	100	120	140	160
GS	3.00°	372	478	531	637	743	849
MAP at D0.8 DOZ							
ME621 to MAP	8.3	7:07	5:32	4:59	4:09	3:33	3:07

PAPI | **3000′** ↑ | Rwy hdg | RT | DOZ **114.9** **R-052**

	STRAIGHT-IN LANDING RWY36 ILS DA(H) **2527′**(217′)	LOC (GS out) MDA(H) **2770′**(460′)	CIRCLE-TO-LAND
A	1200m	2300m	NA
B	1200m	2300m	NA
C	1200m	2500m	NA
D	1200m	2500m	NA

Para un detallado briefing de la carta de aproximación a utilizar, ten como referencia el recorrido de las flechas de la imagen anterior. Comienza con un orden de lectura de izquierda a derecha, como cualquier libro. Empezando por el nombre del aeropuerto, la fecha de vigencia de la carta. Seguido a esto el numero de procedimiento y las radio ayudas a utilizar. Luego pasa por las frecuencias de radio llegando al gráfico de la MSA. Punto seguido, una detallada lectura del procedimiento de "Aproximación Frustrada" para terminar en la sección de "Restricciones" (si las hay).

Ya pasando al plano horizontal de análisis del procedimiento, será de suma importancia detallar la posición desde la que se iniciará el mismo para entender y asimilar desde que sector se estará ingresando a la espera para dar inicio a la incorporación. En este caso en particular, estarás ingresando por el radial 150. Vale aclarar, que además de la incorporación a la espera, será de suma importancia detallar el radial de alejamiento posterior a la misma, el viraje de procedimiento y el curso final de aproximación. Llegando al perfil vertical de la aproximación, se menciona el descenso que se debe realizar desde el inicio hasta el viraje de procedimiento, aclarando en que cantidad de millas se deberá alcanzar la altitud publicada. Para la fase final, el dato mas importante del procedimiento es la altitud mínima a sobrevolar, detallando las dos variables en base a las radio ayudas que estén operativa. Finalizando con la circulación visual para la pista opuesta.

3) Situaciones anormales:

En esta etapa final del briefing, deberás aclarar todo tipo de situación normal que consideres importante para el vuelo, como ser: una posible falla de motor, una posible falla de algún otro sistema del avión, pasos ante una falla de comunicación o cualquier otra consideración ajena o no al vuelo que pueda afectar el normal desarrollo de la aproximación.

Teniendo en cuenta que durante la realización de un procedimiento instrumental, son pocos o casi ningunos, los momentos en los que se dispone de un “Tiempo Libre” para realizar un briefing detallado como este, es recomendable realizar dicho briefing en la etapa del tramo de crucero, luego de haber obtenido la información meteorológica, notams y detalles del aeropuerto de destino. De no haber logrado realizarlo en el tramo de crucero, y de disponer de tiempo suficiente, un adecuado momento para planificar el briefing seria una vez incorporado a la espera y realizando la misma, ya que se dispone de 4 minutos, como mínimo, sin tomar ninguna acción en el vuelo, salvo volar un circuito de espera con el avión nivelado.

Respuestas a las preguntas anteriores

Suponiendo que ya hemos tenido tiempo suficiente para pensar y buscar las respuestas a las preguntas de las páginas anteriores, analicemos cada pregunta con su correcta respuesta y veamos si logramos acertar.

1) ***Donde se ubica el IAF en los procedimientos numero 2, 3 y 4?***

- En el procedimiento numero 2, el IAF se encuentra al inicio del ARCO DME, en el Radial 106 a 14NM. En el procedimiento numero 3, el IAF se ubica justo sobre el NDB “D” sobre el cual se basa dicha carta. Y en el procedimiento numero 4, el IAF se encuentra en el “waypoint” de nombre UKAPO, siendo utilizado para la RNAV STAR.

2) ***Cuales son (si los hay) los requisitos obligatorios para los procedimientos numero 2, 3 y 4?***

- Para el procedimiento numero 2, es un requerimiento obligatorio el correcto funcionamiento del DME asociado al VOR DOZ. Para el procedimiento 3 es requerimiento obligatorio el correcto funcionamiento del DME asociado al ILS DO. Y para el procedimiento numero 4 es un requerimiento obligatorio el correcto funcionamiento del DME asociado a ambas radio ayudas, tanto para el VOR como para el ILS DO.

3) Cual es la Altitud de Decisión para cada procedimiento?

- Ya que todos los procedimientos están basados en una aproximación final con ILS, las DA serán las misma para todos los casos, siempre considerando la variación para ILS FULL e LOC sin GS.

Desarrollo del procedimiento

Al llegar a este punto, es hora de poner “manos a la obra”. A continuación se detalla, paso a paso, la forma correcta de realizar el procedimiento de aproximación instrumental desde la ultima posición reportada (radial 150. Utilizarás los instrumentos que dispones en la aeronave, los cuales has utilizando hasta ahora: el RMI y el HSI, considerando el correcto uso de los mismos para cada fase de la aproximación.

Desde la ultima comunicación con la torre de Mendoza, le has informado que la aeronave ha alcanzado el nivel de transición, ingresando por el radial 150. Al dar el acuse de recibo, el control autorizó a realizar procedimiento y solicitó que se notifique una vez que la aeronave este establecida en el ILS. La “Altitud de Transición” de Mendoza es de 6000 pies, por lo que el “Nivel de Transición” será 1000 pies por encima, resultando en 7000 FT. A dicho nivel se debe realizar el procedimiento de incorporación y espera según lo publicado en la carta numero 1. A continuación se diagrama el gráfico de vuelo, orientando a la aeronave en su posición actual, y en base a ella, se analizan las próximas acciones a seguir.

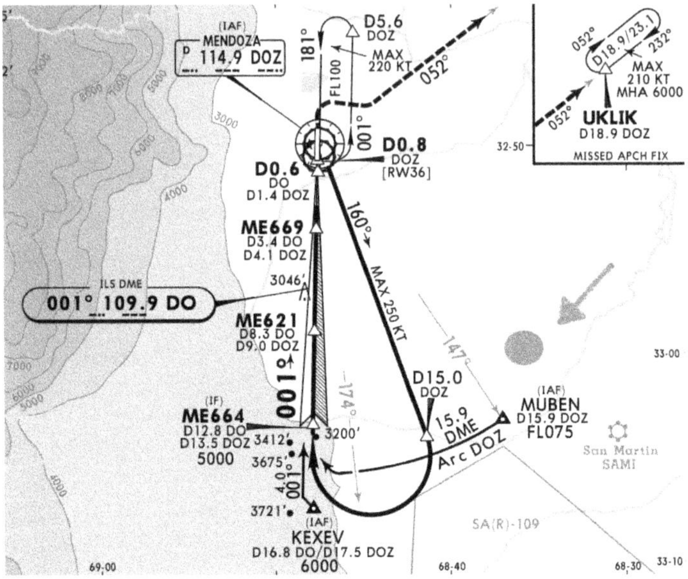

Observando la imagen, la aeronave esta posicionada en el radial 150. La espera publicada esta situada en el radial 359 por izquierda. Observando el RMI, se dibuja la espera y se observa que esta ubicada en la parte superior del RMI. Luego del bloqueo del VOR, la aeronave queda posicionada fuera de la espera. Como se ha estudiado visto en el libro "Piloto Comercial" de esta colección, al quedar por fuera de la espera, posterior al bloqueo, el procedimiento de incorporación será: ***"Incorporación por Vuelo Paralelo".***

A continuación, se analizan los pasos que intervienen en el procedimiento utilizando el RMI como instrumento principal:

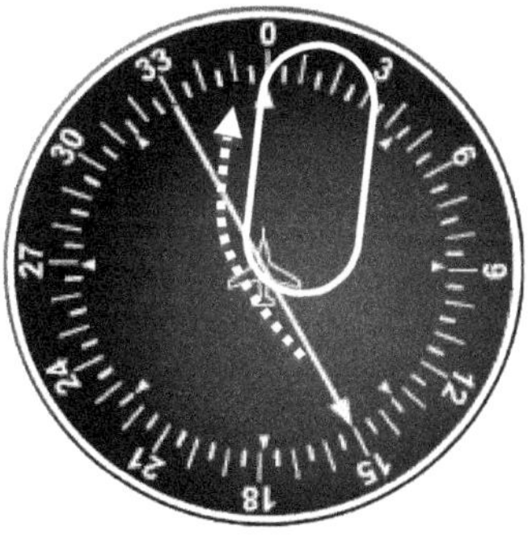

1. Luego de bloquear la estación VOR, viraje por derecha y continuar volando en curso 001° durante 60”. Observando el RMI, se nota que el avión esta volando con el mismo curso de la “Pierna No Controlada”. Pasados los 60 segundos, se inicia el próximo paso:

2. Luego de los 60 segundos, continuar con un viraje por derecha al curso final de la espera 181°. Observando el RMI, la cola de la aguja indica que la aeronave esta ingresando por el radial 001 y luego del bloqueo del VOR, realiza el circuito de espera de forma tradicional, volando durante 60 segundos por cada tramo.

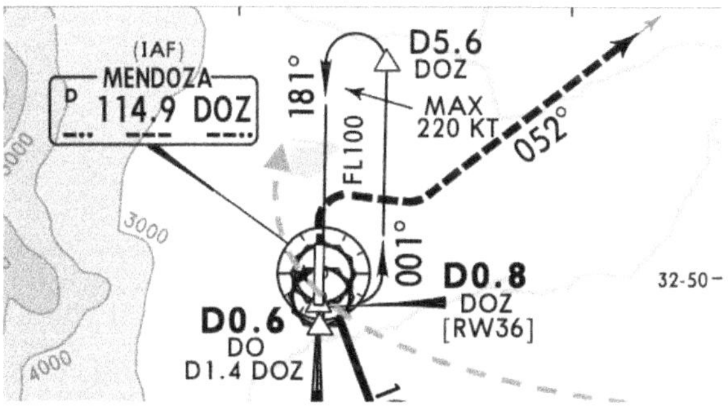

Una vez finalizada la incorporación al circuito de espera, deberás realizar el primer viraje de 1 minuto por izquierda, continuando con la

"Pierna No Controlada" durante 1 minuto mas, para luego terminar el ultimo viraje al rumbo final en la "Pierna Controlada" (rumbo 181°), hasta volver a bloquear la estación VOR y dar inicio al procedimiento de alejamiento y aproximación final.

Al llegar a este punto, próximo al bloqueo del VOR, estas listo para iniciar el procedimiento. Analizando la carta en uso, se observa que el tramo de alejamiento se realiza por el radial 160 hasta la distancia de 13.5 NM DOZ.

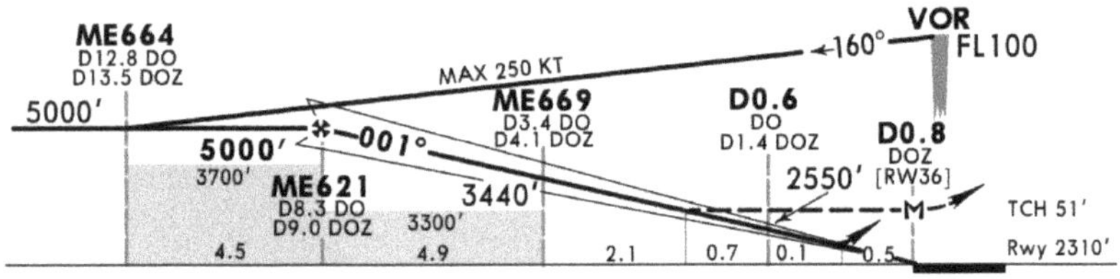

Analizando este perfil, se observa el circulo de la derecha, indicando que se deberá pasar por el VOR por el último nivel de vuelo autorizado por el control, en este caso, nivel de vuelo FL100. Luego de pasar por la estación VOR, además de continuar alejando por el radial 160 hasta las 13.5 NM DOZ, también se deberá cumplir con un descenso restringido a 5000 FT hasta dicha distancia, logrando de esta manera, llegar al viraje de procedimiento con el avión nivelado y a velocidad constante.

Existen aquí, dos formas diferentes de lograr lo anteriormente mencionado. La mas utilizada es descender hasta los 5000 FT y luego volar con el avión nivelado hasta llegar a la distancia requerida. Pero también existe una manera un poco mas precisa, donde se calculara el régimen de descenso para llegar a alcanzar los 5000 FT justo en el momento de llegar a la distancia requerida, logrando de esta forma, un perfil de descenso constante y evitando volar un tramo en vuelo recto y nivelado. Nuevamente ha llegado tu turno! ***PREGUNTA:***

¿Cuál será el régimen de "Velocidad Vertical" que deberás adoptar para llegar a alcanzar los 5000 pies justo a la distancia solicitada y en un descenso constante?

Tómate un poco de tiempo para pensar la respuesta. Por ahora continúa con la aproximación y los detalles finales del tramo de alejamiento, mientras la aeronave sigue en descenso a 5000 pies hasta las 13.5 NM DOZ.

Uno de los pasos fundamentales durante la espera, o en ultima instancia, durante el tramo de alejamiento, será tomar acción respecto a la configuración de los instrumentos a utilizar durante el tramo final. En este caso en particular, deberás configurar el HSI, seleccionando la frecuencia del ILS DO 109.9 y seleccionando el "Curso Final" de aproximación 359.

Mientras el vuelo continúa en descenso y alejando por el radial 160, a continuación se analiza la respuesta a la pregunta anterior:

Considerando que el régimen de velocidad vertical se mide en pies por minuto (FT/MIN), se debe tener en cuenta cuántos minutos volará la aeronave en descenso para llegar a las 13.5 NM DOZ.

Una vez obtenido ese tiempo, bastará con dividir la cantidad de pies por descender (en este caso 5000, desde 10.000 a 5000 pies) por el tiempo obtenido, y como resultante se obtiene la cantidad de pies por minuto que la aeronave debería adoptar para lograr un descenso controlado hasta llegar a los 5000 pies en la distancia solicitada.

Considerando una velocidad de descenso de 110 KT por hora, se considera que la aeronave recorre 110 NM en 60 minutos. Aplicando la regla del 10%, se presume que nuestro la aeronave recorrería 11 NM en 6 minutos **(11.0 NM 6.0 MIN)**.

Ahora bien, sabiendo que la aeronave volará 6 minutos, el paso siguiente será dividir la cantidad de pies a descender por la cantidad de minutos obtenidos, siendo:

$$\text{Descenso desde } 10.000 \text{ a } 5000 = \frac{5000}{6} = 833 \text{ FT/MIN.}$$

Habiendo obtenido el resultado de 833 pies por minuto, existen dos opciones, adoptar 833 pies por minuto o 800 pies por minuto, ya que por lo general, estos instrumentos de medición de velocidad vertical suelen indicar valores de a centenas.

Continuando con el vuelo, la aeronave ha llegado al "Viraje de Procedimiento", en el radial 160 a 13.5 NM DOZ y a 5000 Pies. Una vez configurado el HSI con el curso final de aproximación, será este quien guiará a la aeronave hasta aterrizar en la pista. Se deberá seguir la señal del localizador, en conjunto con la senda de planeo que brindará la señal del Glide Path, hasta sobrevolar el umbral de la pista 36, previo a aterrizar.

Recuerda que la instrucción del control fue que debes notificar una vez establecidos en el ILS.

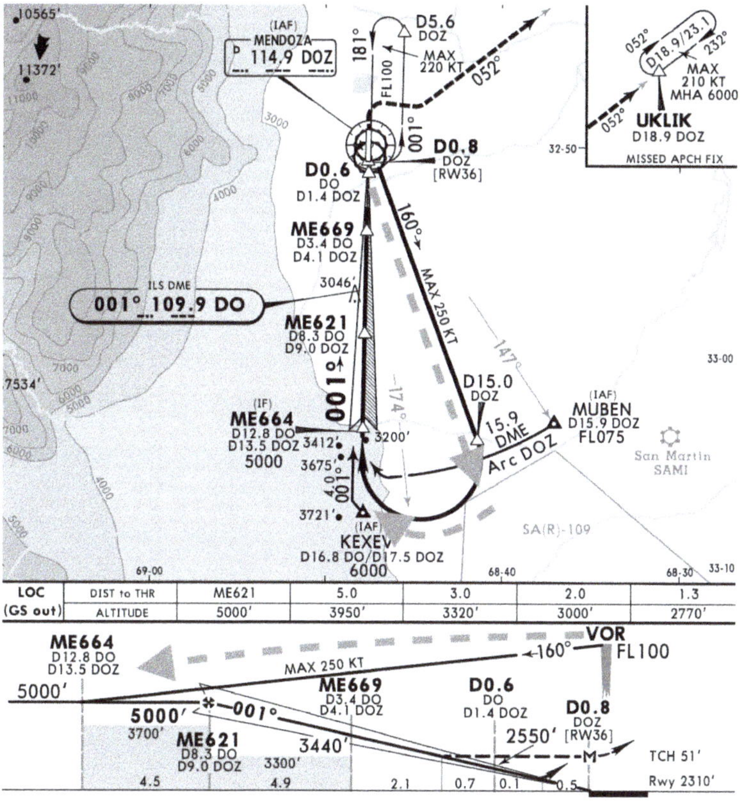

Al llegar al viraje de procedimiento, la información del RMI quedará en segundo plano a dejar y la información del HSI pasará a ser la fuente principal de vuelo. El próximo paso será realizar un viraje por derecha para lograr ingresar con curso 001, previamente seleccionado en el HSI. Será de vital importancia que este viraje, sea coordinado a un régimen constante y manteniendo los 5000 FT de altitud.

A medida en que la aeronave vaya realizando el viaje, el CDI del HSI comenzará a centrarse y, al igual que con los ejercicios de ingresos, deberás regular el régimen de viraje para lograr llegar al curso final 001 al mismo tiempo que el CDI logre llegar al centro de la aguja, tal como lo muestra la figura siguiente:

Una vez que la aeronave logra tener el la indicación del localizador centrado, el procedimiento indica que deberás volar desde las 13.5 NM DOZ hasta las 9.0 NM DOZ manteniendo 5000FT, hasta capturar la señal del GS y recién ahí, continuar con el descenso hasta la DA.

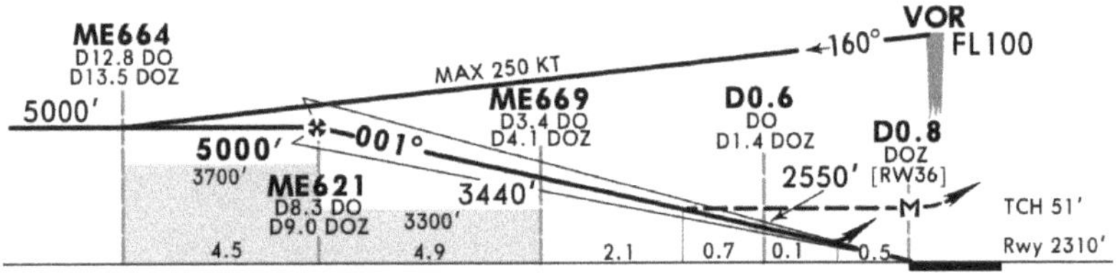

Al tener que sobrevolar sin tomar ninguna acción sobre el procedimiento desde las 13.5 NM DOZ hasta las 9.0 NM DOZ, será este, un buen momento para realizar la comunicación pendiente con la torre de Mendoza e informarle la posición actual:

P: Mendoza Torre, LV-BR601, establecido en el ILS, 5000 pies.

- *Mendoza Tower, LV-BR601, ILS stablished, 5000 FT.*

C: LV-BR601, recibido, autorizado a aterrizar pista 36, viento calmo, QNH 1013, le informo el GS esta fuera de servicio.

- *LV-BR601, roger, clear to land, runway 36, wind calm, QNH 1013 and GS inoperative.*

P: Autorizado a aterrizar, QNH 1013, LV-BR601.

- Clear to land, QNH 1013, LV-BR601.

El control ha autorizado a la aeronave a aterrizar en la pista 36 de Mendoza con el mismo procedimiento previamente autorizado, pero ahora informa que el GS ha quedado fuera de servicio.

STRAIGHT-IN LANDING RWY36	ILS DA(H) 2527'(217')	LOC (GS out) MDA(H) 2770'(460')
A	1200m	2300m
B	1200m	2300m
C	1200m	2500m
D	1200m	2500m

Según las especificaciones de la carta en uso, la altitud de decisión (DA) con ILS completo será de 2527 pies, pero si por alguna razón no se dispone de la información del GS, la DA se transformara en una altitud "Mínima" de descenso (MDA) y pasará a ser superior a la anterior, quedando 2770 pies.

Continuando con la aproximación final, el vuelo es autorizado a aterrizar en la pista 36 de Mendoza. Con el avión controlado y el localizador centrado, se analiza el nuevo perfil de descenso sin contar con la ayuda del GS. Veamos:

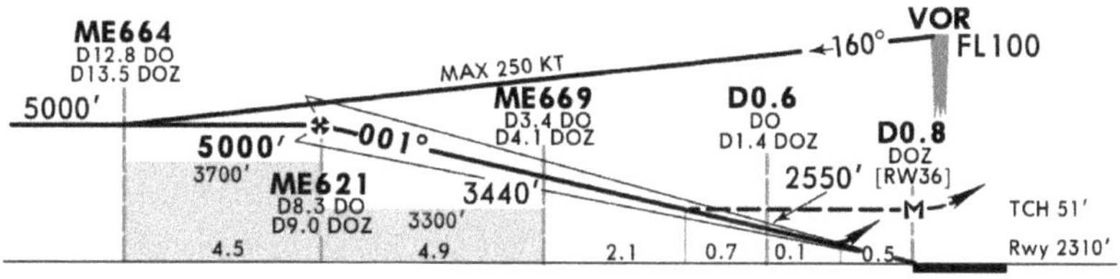

A tener en cuenta, para un descenso constante en un ILS de 3 grados, bastará con adoptar una velocidad vertical de aproximadamente

600 FT/MIN, e ir variando dicho valor en mayor o menor rango según sea necesario.

La única forma de verificar el correcto ángulo de planeo, es por altitud y distancia. Observando el perfil vertical, se identifica que a las 4.1 NM DOZ se debe estar a 3340 FT, ahora bien, ¿que sucede si la aeronave llega a esa altitud antes de esa distancia?; lo único que se debe tener en cuenta es nivelar el avión y volar a esa altitud hasta llegar a la distancia requerida, tal cual lo muestra la línea punteada en el perfil vertical.

Pasado el punto de 4.1 NM DOZ, la aeronave continúa con el régimen de descenso hasta la última altitud previa al aterrizaje o a realizar un procedimiento de "Escape". Para este caso en particular la MDA 2550 FT.

Una vez pasada la MDA, el vuelo deberá continuar con referencias visuales de la pista y aterrizar según fue autorizado. Luego del aterrizaje, la torre se contactará con la aeronave y dará la siguiente instrucción:

C: LV-BR601, aterrizado a las 1330, continúe rodaje por pista hasta la próxima salida a su izquierda y contacte MDZ superficie en frecuencia 121.95. Adiós.

- *LV-BR601, landed at 1330, continue taxing on runway, take first on your left and contact MDA ground on frequency 121.95. Good Bye.*

P: Rodaje por pista hasta la próxima salida a la izquierda y contacto superficie en frecuencia 121.95. LV-BR601. Adiós.

- *Taxi on runway, take first on the left and contact ground on frequency 121.95. LV-BR601. Good Bye.*

Capítulo 5

Rodaje final

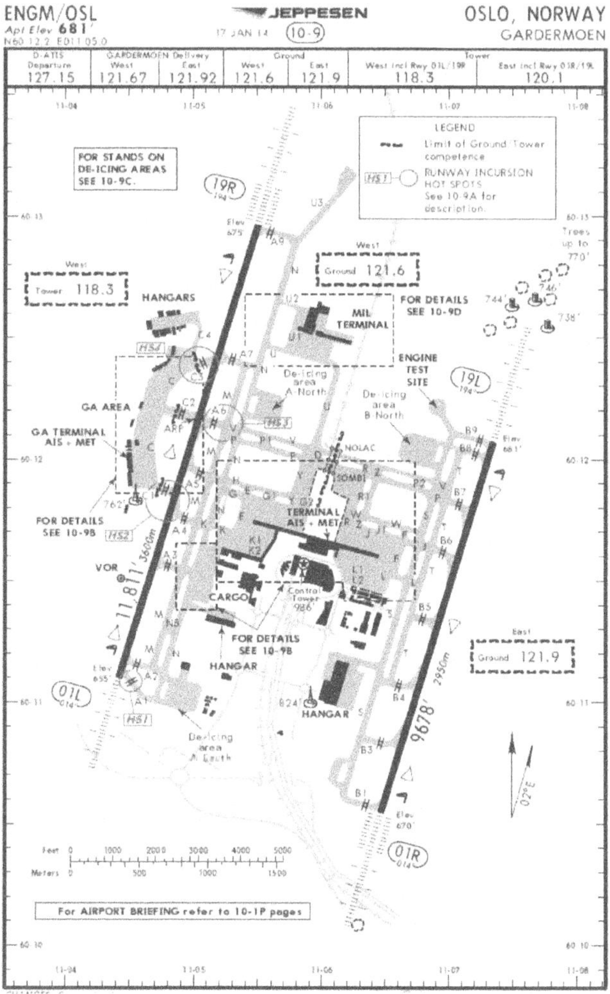

Aviation Bookstore
aviation step by step

Has llegado a la ultima fase del vuelo. Hasta aquí, has pasado por diferentes etapas, desde el inicio del vuelo, el rodaje, el despegue, realizando las SID, llegando a la ruta con todos sus cálculos de la navegación pre-computada, para luego estudiar las STARs, aproximar a la pista en uso y finalmente aterrizar en la pista 36 del Aeropuerto Internacional de la Ciudad de Mendoza, Argentina.

Has logrado, para cada tramo, analizar las estructuras de comunicación en un formato estándar, tanto en idioma español como en idioma ingles. Sin duda un objetivo cumplido que marcará la diferencia entre los libros aeronáuticos publicados en el mercado, y si por menos que sea, al final de esta edición, logras llevarte al menos un concepto nuevo y aprendido, el objetivo de este manual estará cumplido.

El último paso será la fase final, el rodaje hacia la posición de estacionamiento. Para ello es necesario analizar la carta de "Información de Aeropuerto":

Carta de información de aeropuerto

-"Airport Information Chart"-

A continuación se analiza la última carta, el rodaje final luego de aterrizar en el destino. Si bien la carta a utilizar presenta el mismo formato que la anteriormente utilizada al inicio del libro (carta de información de Ezeiza), en este caso se observa como queda posicionada la aeronave luego del aterrizaje y cuales serán los pasos a seguir.

SAME/MDZ
Apt Elev **2310'**
S32 49.9 W068 47.6

JEPPESEN
13 FEB 15 (10-9)

MENDOZA, ARGENTINA
EL PLUMERILLO

ATIS	MENDOZA Ground	Tower
127.6	121.95	119.9

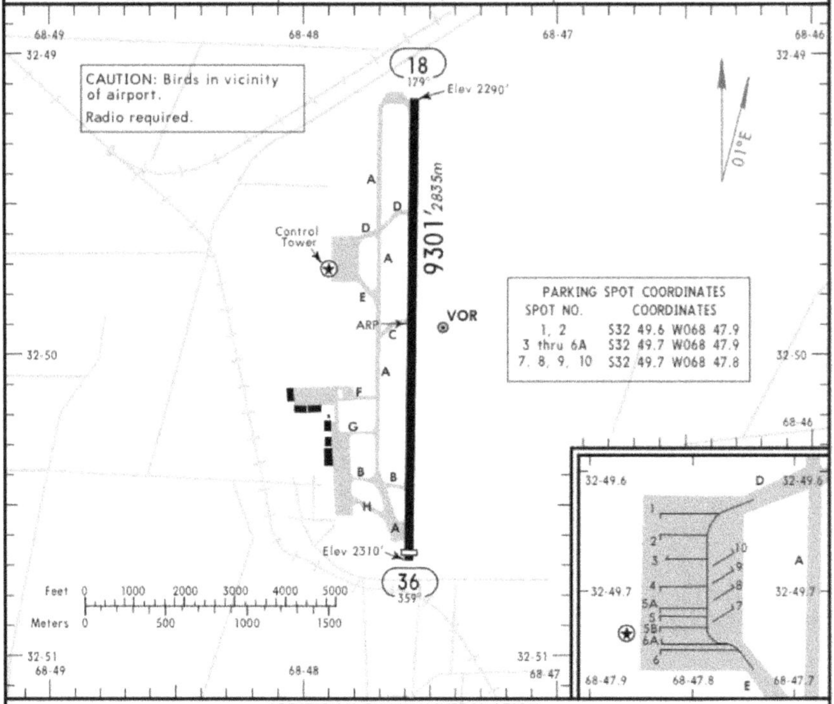

ADDITIONAL RUNWAY INFORMATION

RWY		USABLE LENGTHS LANDING BEYOND Threshold	Glide Slope	TAKE-OFF	WIDTH
18 36	RL PAPI-L (angle 3.0°)	9154' *2790m*	8200' *2499m*		177' *54m*

TAKE-OFF

All Rwys

2 Eng 1 hr Take-off Altn Apt & 3 & 4 Eng 2 hr Take-off Altn Apt Filed - 1 Eng inop / Filed - 1 or more Eng inop			2 Eng Take-off Altn Apt Not Filed			1 Eng		
With RL	Without RL DAY	Without RL NIGHT	With RL	Without RL DAY	Without RL NIGHT	With RL	Without RL DAY	Without RL NIGHT
VIS *550m*	*2500m*	NA	Available Landing Minimums	*2500m*	NA	Available Landing Minimums	*3000m*	NA

Analizando la longitud de la pista 36 de Mendoza, la carta informa que se dispone de 2835 Mts. Para el aterrizaje has utilizado 900 Mts aproximadamente, situando a la aeronave justo donde lo indica la flecha punteada en el diagrama de la pista.

La ultima instrucción del control fue que que la aeronave libere la pista por la siguiente calle de rodaje a su izquierda de nombre "C", y es justo en ella, donde deberás comunicarte con el control de superficie informándole que has liberado la pista y que la aeronave se encuentra en "C" esperando instrucciones para continuar.

... cambio de frecuencia...

P: Mendoza Superficie, LV-BR601, liberando pista en calle de rodaje "C".

- *Mendoza Ground, LV-BR601, runway vacated, on taxiway "C".*

C: LV-BR601, autorizado rodaje via C – A – E , posición numero 2, notifique con señalero a la vista.

- *LV-BR601, clear to taxi via taxiway C – A – E , stand number 2, report Marshall in sight.*

P: Recibido, taxi via C – A – E posición numero 2, notifico señalero a la vista, LV-BR601.

- *Roger, taxi via taxiway C – A – E , stand number 2 and report Marshall in sight. LV-BR601.*

Aquí se analiza el extracto de la carta de rodaje y se diagrama la instrucción que el control indicó. La primera calle a la izquierda de la aeronave, luego del aterrizaje, es “C”. Continuando el rodaje por esta calle, la aeronave se encuentra con la calle de rodaje principal de nombre “A”, por la cual continuará el rodaje por derecha hasta llegar a la intersección de la calle de rodaje “E”, la cual presenta una intersección que guiará a la a la aeronave hacia plataforma principal por izquierda.

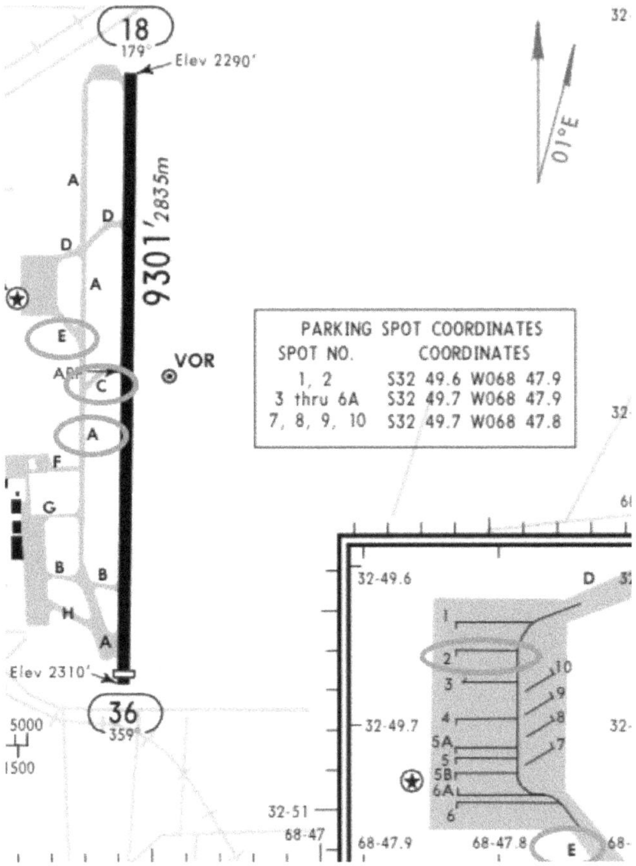

Una vez rodando sobre la calle de rodaje “E”, la aeronave llega a la plataforma principal por la que continúa rodando sobre la línea central hasta estar lateral a la posición numero 2, señalada en el recuadro de sector derecho inferior de este extracto de carta.

Una vez que la aeronave esta posicionada lateral a la posición numero 2, se podrá observar al señalero (wingwalker) en la posición, quien indicará con instrucciones, que la aeronave debe ingresar a la posición enfrentando la nariz hacia la terminal del aeropuerto. En ese mismo momento, deberás comunicarte con el control de superficie e informarle lo siguiente:

P: Mendoza Superficie, LV-BR601, posición numero 2, señalero a la vista.

- *Mendoza Ground, LV-BR601, stand number 2, Marshall in sight.*

C: LV-BR601, Recibido, adiós.

- *LV-BR601, roger. Good Bye.*

Procedimientos de rodaje en aeropuertos complejos

- Rodajes -

Ahora bien, como se ha mencionado anteriormente, los rodajes son los procedimientos donde se encuentran la mayor cantidad de incidentes en la aviación. Si bien este ejemplo se basa en un aeropuerto (Mendoza) de poco transito y mediano porte, existen lugares en el mundo donde se presentan aeropuertos muchos mas complejos, de transito constante las 24 horas y de diseños arquitectónicos tan complejos que suelen tener un radar exclusivo para las operaciones en las calles de rodaje, las cuales son guiadas bajo vector radar constantemente.

A continuación se analiza uno de los principales aeropuertos de Estados Unidos y uno de los mas grandes y complejos del mundo, el Aeropuerto Internacional de Los Ángeles, California, Estados Unidos, KLAX o comercialmente llamado LAX!

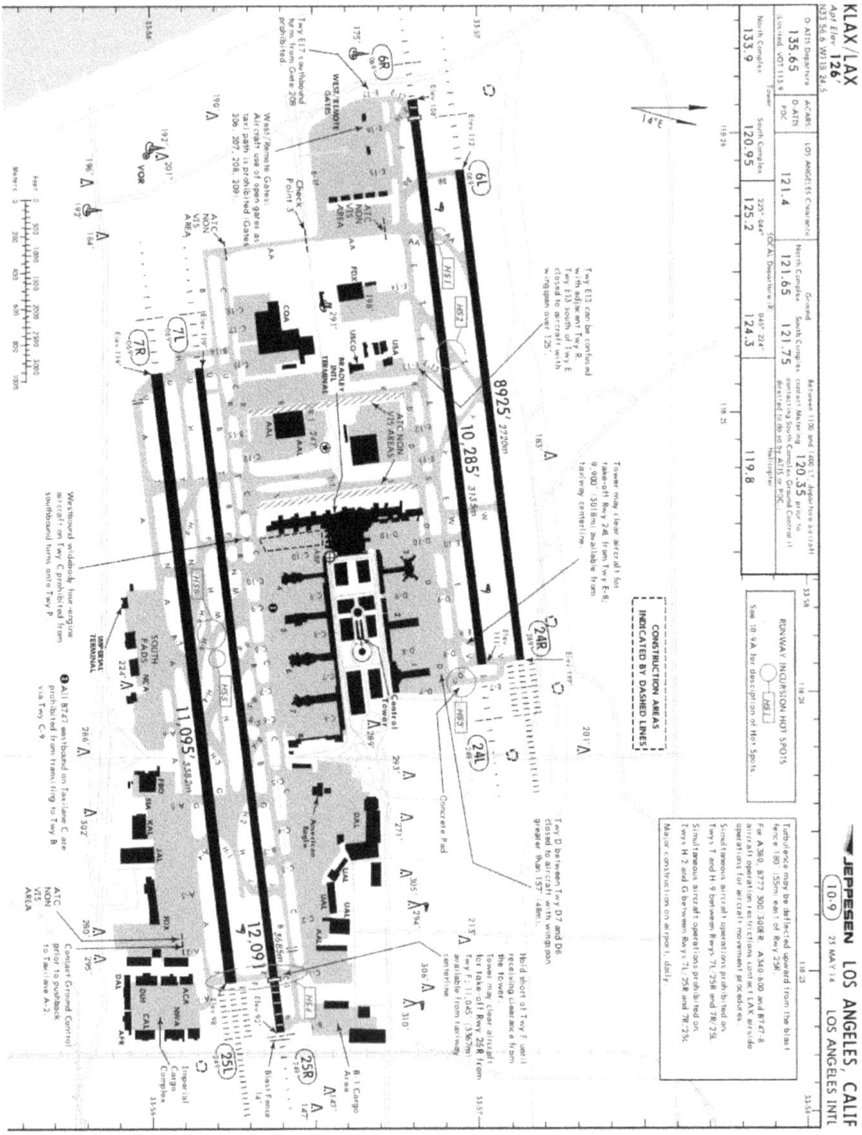

Luego de admirar lo maravilloso e imponente que parece ser el aeropuerto de LAX, a continuación se toman algunos extractos para analizar todos sus detalles.

KLAX/LAX
Apt Elev **126'**
N33 56.6 W118 24.5

D-ATIS Departure	ACARS:	LOS ANGELES Clearance	Ground		(Between 1100 and 1400 LT, departure aircraft contact Metering 120.35 prior to contacting South Complex Ground Control if directed to do so by ATIS or PDC.)
135.65 (Limited) VOT 113.9	D-ATIS PDC	121.4	North Complex 121.65	South Complex 121.75	

Tower		SOCAL Departure (R)		Helicopter
North Complex	South Complex	225°-044°	045°-224°	
133.9	120.95	125.2	124.3	119.8

Comenzando con este extracto de la carta de información del aeropuerto de LAX, a diferencia de los ya estudiados, Los Ángeles presenta varias frecuencias de radio para rodajes y varias para el control de torre.

Comenzando con LAX Ground, se observa que posee dos frecuencias diferentes según el área del aeropuerto en la que se opere, dividiéndolas en "Norte" y "Sur". Seguido a ellas, posee una tercer frecuencia en la cual entre las horas 1100 y 1400 LT, las aeronaves deberían comunicar, previo al contacto con la frecuencia de LAX Ground, si es que el ATIS así lo indica.

De forma similar que al rodaje, se presentan las frecuencias del control de torre, donde esta dividida en dos frecuencias diferentes, marcando las áreas como "Norte" y "Sur" al igual que en el rodaje. Un detalle a resaltar, es la particularidad de poseer una frecuencia "exclusiva" para la operación de los helicópteros dentro del aeropuerto y en la misma zona de operación que las demás aeronaves de pequeño, mediano y gran porte.

Uno de los puntos mas importantes a conocer a la hora de operar en aeropuertos del porte de LAX, es el reconocimiento y entendimiento de los puntos denominados ***HOT SPOTS*** o ***HS,*** como se indican en las cartas. Observando este extracto de la carta del aeropuerto de LAX, en la parte superior aparece la aclaración de la posibilidad de una incursión en pista debido a un HS o punto peligroso en la intersección de las calles de rodaje D7, V, E7 y la principal E. Así como este, encontrarás varios mas a lo largo de toda la carta de LAX y el nuevo desafío ahora será encontrarlos.

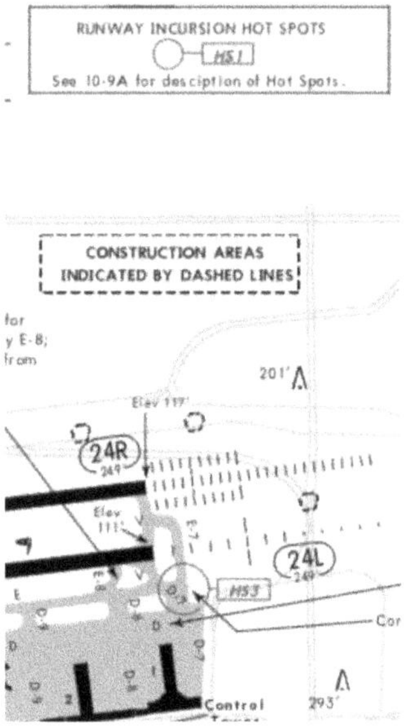

Tu turno!

1) *¿Cuántos HS posee el aeropuerto de LAX?*
2) *¿Estando en la calle de rodaje C-18 y listo a rodar, a que control de superficie corresponde esta operación?*
3) *¿Estando en la calle de rodaje A-3 a las 12:30 LT y listo a rodar, con cual de las frecuencias de superficie debería contactar?*

A continuación se detallan ejemplos de las instrucciones de rodaje que podrías escuchar operando en LAX. Intenta seguirlas en el diagrama del aeropuerto:

P: *Ground Control, LV-BR601, position A3, ready to taxi.*

- **C:** *LV-BR601, runway in use 24L for departure, clear to taxi via taxiway A, A4, Hold Short RWY 25L and report reaching.*

P: ***Clear to taxi via, A, A4, Hold Short RWY 25L and report reaching, LV-BR601.***

P: ***Ground Control, LV-BR601, reaching Holding Point RWY 25L.***

- **C:** *LV-BR601, cross RWY 25L, expedite and continue taxi via H, M, hold short RWY 25R and report reaching.*

P: ***Expediting taxi H, M, hold short RWY 25R and report reaching. LV-BR601.***

P: ***Ground Control, LV-BR601, reaching Holding Point RWY 25R.***

- **C:** *LV-BR601, cross RWY 25R, continue taxi via M, B, S, E, E8, holding point RWY 24L. When reaching contact LAX Tower on frequency 120.95. Good Bye.*

P: ***Roger, Cross RWY 25R, taxi via M, B, S E, E8, holding point RWY 24L and contact Lax Tower frequency 120.95. LV-BR601, good bye.***

8925' 2720m
10,285' 3135m
11,095' 3382m
12,091' 3685m
7L
069°
7R
069°
24R
249°
24L
249°
25L
249°
25R
249°
Elev 119'
Elev 111'
Elev 98'
Elev 92'
BRADLEY INTL TERMINAL
USCG
USA
AAL
DAL
UAL
FBO
SIA
KAL
JAL
FDX
ACA
NWA
DLH
CAL
AFR
SOUTH PADS
NCA
American Eagle
Control Tower
Concrete Pad
HS3
HS4
HS5
HS6
greater than 157' (48m).
Hold short of Twy F until receiving clearance from the tower.
Tower may clear aircraft for take-off Rwy 25R from Twy F; 11,045' (3367m) available from taxiway centerline.
Imper Cargo Compl
Blast
B-1 C Area

Analizando el diagrama del aeropuerto de LAX, sigue las flechas según las instrucciones que brindó el control de superficie. Las mismas te llevaron por diferentes calles de rodajes, con la particularidad de haber cruzado dos pistas activas, previo a ser autorizados para tal acción.

También tendrás la oportunidad de atravesar por dos HOTSPOTS (HS5 y HS6) para luego seguir rodando por diferentes calles hasta llegar al punto final de la instrucción, el Holding Point de la pista 24L. Es en este punto donde se debe realzar el cambio de frecuencia a LAX Torre para informarles que la aeronave en dicha posición y lista para la salida.

P: *LAX Tower, LV-BR601, Holding Point RWY 24L, ready for departure.*

- C: *LV-BR601, clear for take off, RWY 24L, when airbone contact Departure Control on frequency 124.3. Good Bye.*

Lugares tan complejos como LAX y muchos mas, poseen sin dudas, infinitas ayudas para facilitar las cosas desde la cabina de mando de un avión. Entre ellas las "Señalizaciones" y "Ayudas Visuales" dentro de los aeropuertos, comúnmente llamadas "AIRPORT MARKINGS", brindando información de nombre de calles de rodaje, puntos de espera, puestos de estacionamientos, áreas segura para ILS, marcas dentro de la pista para la indicación visual de longitud remanente durante despegues y aterrizajes, y muchas marcas y señalizaciones mas que encontrarás en el libro "AEROPUERTOS" de esta colección.

Capítulo 6

Comunicaciones

Aviation Bookstore
aviation step by step

Información del vuelo

El vuelo tiene lugar en España, desde la ciudad de Málaga (LEMG) hasta la ciudad de Valencia (LEVC). El avión es un A320 y se toma como referencia su sistema de navegación verificando los puntos de cada tramo en la pantalla de navegación o ND (navigation display) de la aeronave, junto a la unidad de control conocida como MCDU (Multipurpose Control and Display Unit).

Como referencia de la performance de vuelo se tomará el ejemplo de la pantalla primaria de vuelo de la aeronave o PFD (primary flight display). Si bien, el presente manual está basado en las comunicaciones aeronáuticas, es necesario identificar cierta información de la navegación para poder realizar las comunicaciones de manera correcta. La planificación es la siguiente:

Plan de vuelo:

LEMG SID: VIBAS 1A

AIRWAY: UM985

LEVC STAR: ASTRO 1B

LEVC APPROACH: ILS RWY30

La tripulación debe realizar toda la preparación de la cabina, establece el contacto inicial con el control, solicitar el permiso de tránsito, escuchar la información del ATIS, y todo el resto del proceso comunicacional relativo a un vuelo completo hasta llegar a aterrizar en el destino, el aeropuerto de la ciudad de Valencia, España.

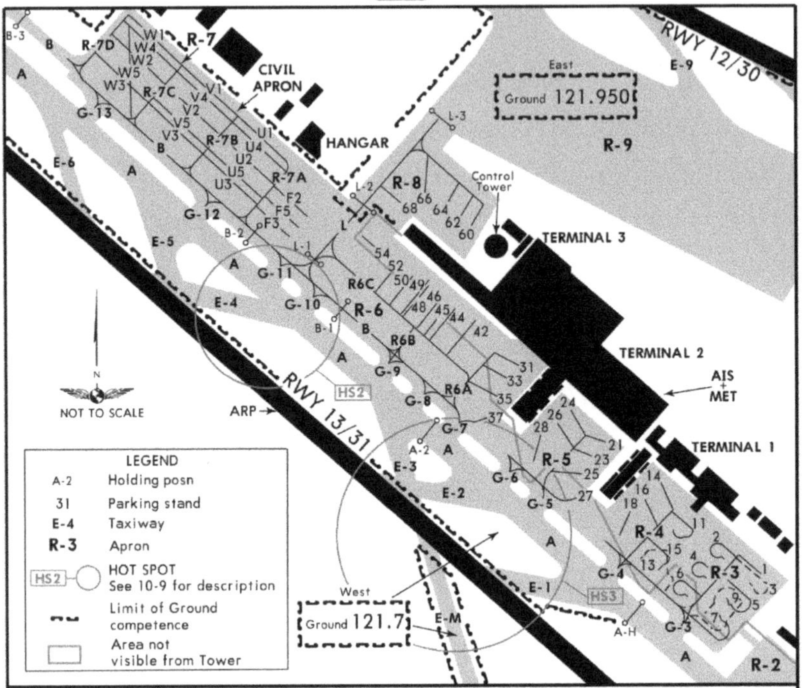

ADDITIONAL RUNWAY INFORMATION

RWY		USABLE LENGTHS — LANDING BEYOND Threshold	Glide Slope	TAKE-OFF	WIDTH
12 ❶	HIRL (60m) CL (15m) HIALS PAPI(3.0°) ❷ ❸ RVR		7989' 2435m	NA	148' 45m
30	HIRL (60m) CL (15m) RVR	NA		❹	

❶ Rwy available by NOTAM and/or ATIS.
❷ PAPI not suitable for use of code F acft.
❸ HST-E8, E9 & E10

❹ TAKE-OFF RUN AVAILABLE
RWY 30:
From twy HE-3 int 10,138'(3090m)
twy HE-2 int 9662'(2945m)
twy HE-1 int 9022'(2750m)

RWY		Threshold	Glide Slope	TAKE-OFF	WIDTH
13	HIRL (50m) CL (15m) HIALS PAPI(3.2°) ❺ RVR		9477' 2889m	❼	148' 45m
31	HIRL (50m) CL (15m) HIALS PAPI(3.0°) ❻ RVR		9564' 2915m		

❺ HST-E4, E2 & E1 ❻ HST-E3, E5 & E6
❼ TAKE-OFF RUN AVAILABLE

RWY 13:
From rwy head 10,499'(3200m)
twy HN-1L int 9941'(3030m)
twy E-6 int 6916'(2108m)
twy E-M int 3412'(1040m)

RWY 31:
From rwy head 10,499'(3200m)
twy E-1 int 6936'(2114m)
twy E-M int 5988'(1825m)

Standard TAKE-OFF ❶

	Rwys 13, 30, 31 — LVP must be in Force: Approved Operators HIRL, CL & mult. RVR req	RL, CL & mult. RVR req	RL & CL	RCLM (DAY only) or RL	RCLM (DAY only) or RL	NIL (DAY only)
A	125m	150m	200m	250m	400m	500m
B	125m	150m	200m	250m	400m	500m
C	125m	150m	200m	250m	400m	500m
D	150m	200m	250m	300m	400m	500m

❶ Operators applying U.S. Ops Specs: CL required below 300m; approved HUD required below 150m.

LEMG/AGP
COSTA DEL SOL

JEPPESEN
(10-3T)

MALAGA, SPAIN
SID

Apt Elev	Trans alt: 6000
52	EXPECT close-in obstacles.

VIBAS 2C [VIBA2C]
VIBAS 1A [VIBA1A]
RWY 13 DEPARTURES

SPEED: UNDER RADAR CONTROL
MAX 250 KT AT OR BELOW FL120

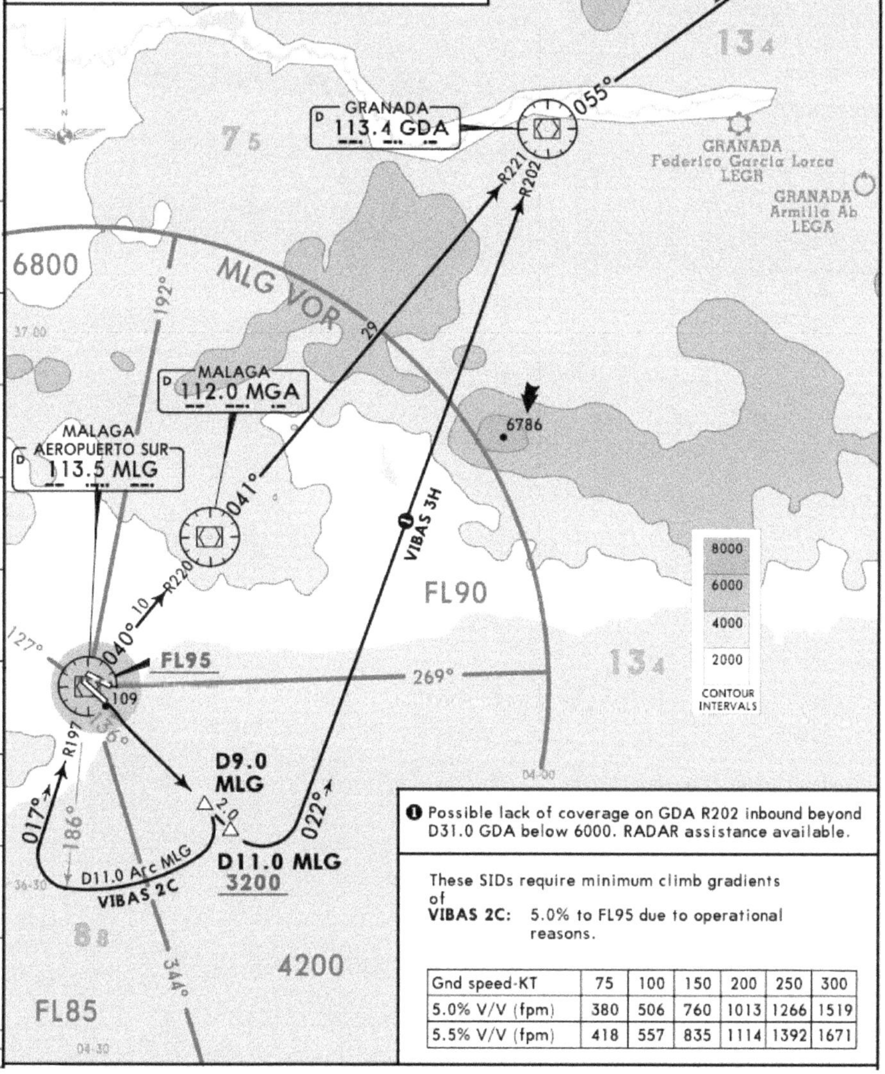

❶ Possible lack of coverage on GDA R202 inbound beyond D31.0 GDA below 6000. RADAR assistance available.

These SIDs require minimum climb gradients of
VIBAS 2C: 5.0% to FL95 due to operational reasons.

Gnd speed-KT	75	100	150	200	250	300
5.0% V/V (fpm)	380	506	760	1013	1266	1519
5.5% V/V (fpm)	418	557	835	1114	1392	1671

Aerovía y puntos de ruta. Extractos carta de ruta.

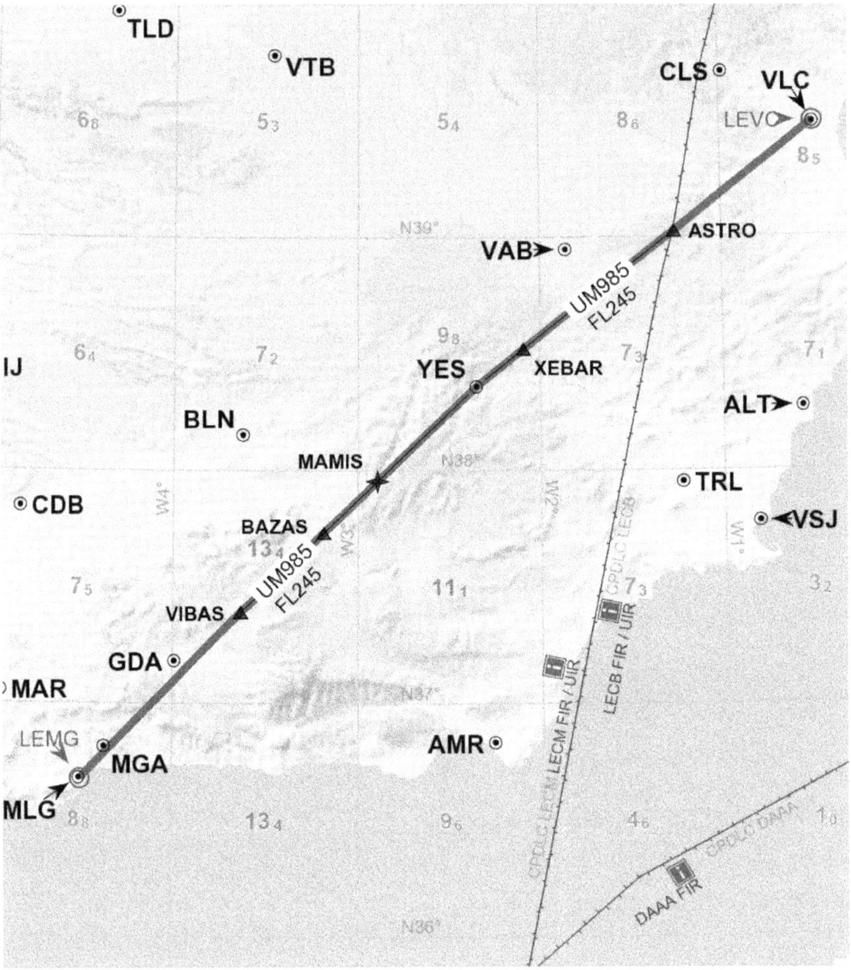

Nótese que debajo del nombre de la aerovía (UM985) se indica el nivel de vuelo mínimo para la ruta (FL245). La aeronave deberá volar a este nivel de vuelo o superior durante la ruta, a menos que el control de tránsito requiera lo contrario.

Standard instrumental arrival. Aeropuerto de Valencia.

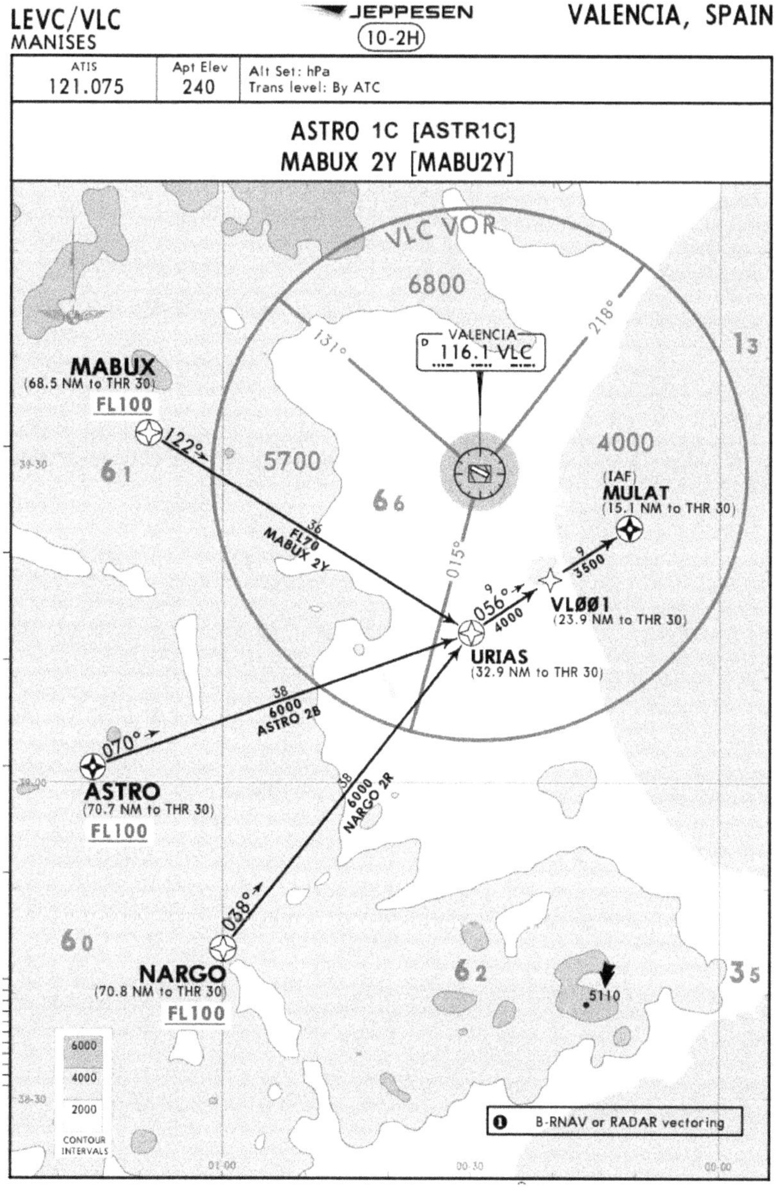

En este ejemplo se considera en uso la pista 30 de Valencia. La siguiente carta es un ILS desde la posición MULAT:

LEVC/VLC
MANISES

JEPPESEN
11-5

VALENCIA, SPAIN
ILS Rwy 30

BRIEFING STRIP™

D-ATIS	VALENCIA Approach	VALENCIA Tower	Ground
121.075	124.750 120.1	118.550	121.875

LOC IVC	Final Apch Crs	D6.1 IVC	ILS DA(H)	Apt Elev 240'
110.1	296°	2200'(2025')	Refer to Minimums	Rwy 175'

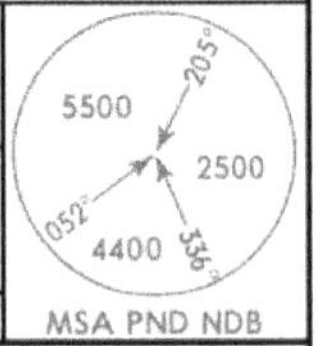

MISSED APCH: Climb on rwy heading to D4.5 VLC, then turn RIGHT (MAX 230 KT) direct to SGO NDB climbing to 4000' and hold.

Alt Set: hPa | Rwy Elev: 6 hPa | Trans level: By ATC | Trans alt: 6000'

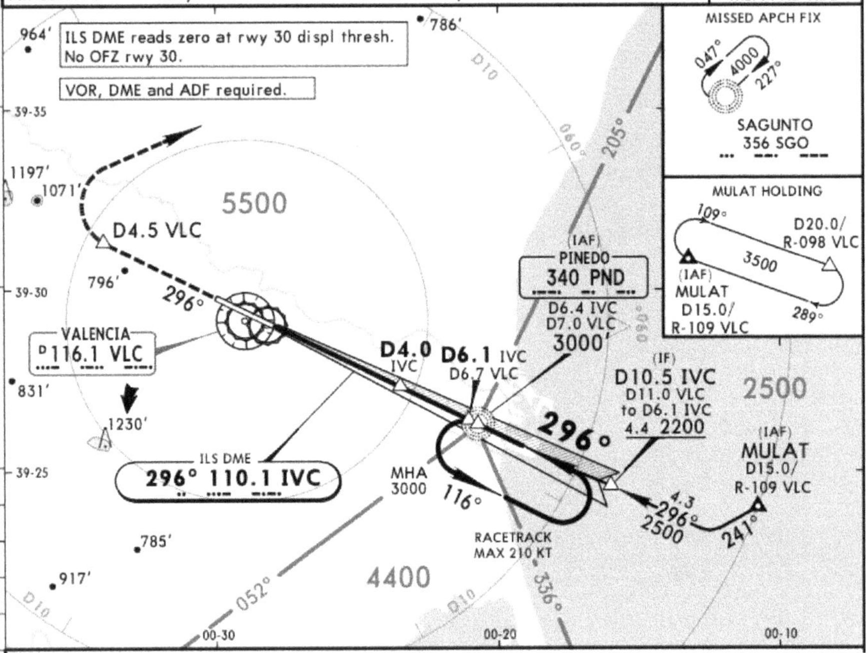

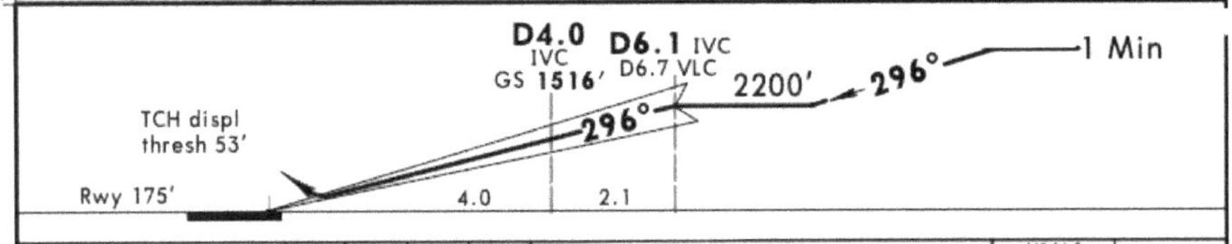

Gnd speed-Kts	120	140	160	180
GS 3.00°	637	743	849	956

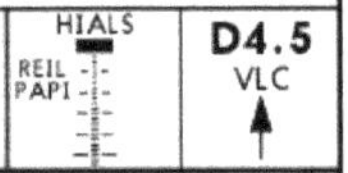

Standard

STRAIGHT-IN LANDING RWY 30

DA(H) C: 440'(265') D: 451'(276')

	FULL	ALS out
C	RVR600m	RVR1300m
D	RVR600m	RVR1300m

CIRCLE-TO-LAND

	Max Kts	MDA(H)	VIS
C	180	1280'(1040')	2400m
D	205	1630'(1390')	3600m

Desarrollo del vuelo Málaga - Valencia

Este es el primer vuelo del día. La aeronave esta completamente apagada. Cuando el piloto llega a la cabina, enciende los sistemas y energiza la aeronave.

Una vez que todos los sistemas de a aeronave están encendidos, el piloto ya podrá seleccionar la frecuencia del ATIS (indicada en la carta del aeropuerto) y escuchar toda la información. En caso, selecciona la frecuencia 124.475 y escucha el siguiente ATIS:

LEMG/AGP — JEPPESEN — **MALAGA, SPAIN**
Apt Elev **52'**
N36 40.5 W004 30.0
9 SEP 16 (10-9) Eff 15 Sep
COSTA DEL SOL

ATIS Departure	ACARS: D-ATIS	MALAGA Clearance	Ground West	Ground East	Tower Rwy 12/30	Tower Rwy 13/31	MALAGA Approach (DEP)
124.475		121.875	121.7	121.950	118.775	118.150	118.450

ATIS información GOLF a las 0900 UTC, pista en uso 13, nivel de transición 070. Viento 120° 10kt, visibilidad superior a 10 km, nubes aisladas a 3500ft, quebrado a 5000ft, temperatura 15°, punto de rocío 05°, QNH 1012. Sin demoras para la salida. Sin restricciones. En su contacto inicial confirme que posee información G.

La información del ATIS no presenta ninguna restricción para el vuelo. La aeronave ya está preparada para iniciar la operación. El paso siguiente será solicitar el permiso de tránsito a Valencia.

El aeropuerto de Málaga cuenta con una frecuencia exclusiva para solicitar los permisos de tránsito. Según se informa en la carta del aeropuerto, el piloto selecciona la frecuencia 121.875 y solicita el permiso con la siguiente estructura de comunicación:

P:.Málaga autorizaciones, buen día TEC 2017, solicito permiso de tránsito a Valencia.

C: TEC 2017, buen día. Autorizado a Valencia vía ruta planificada, salida VIBAS 1A, nivel de vuelo 310 hasta XEBAR. Transponder 4541.

P:.Autorizado a Málaga vía ruta planificada, salida VIBAS 1A, nivel de vuelo 310hasta XEBAR. Transponder 4541. TEC 2017,

P:.Málaga clearance, good morning. TEC 2017, request clearance to Valencia.

C: TEC 2017, good morning. Clear to Valencia vía flight plan route, VIBAS 1A departure, FL310 until XEBAR. Squawk 4541.

P:. Clear to Valencia vía flight plan route, VIBAS 1A departure, FL310 until XEBAR. Squawk 4541. TEC 2017,

El permiso de tránsito ya está copiado y el vuelo fue autorizado. En los próximos pasos, los pilotos terminan de preparar la aeronave, los pasajeros finalizan el embarque, se cierran las puertas y la tripulación da ultimo vistazo a la navegación cargada en el sistema de vuelo. A modo de ejemplo se representa la unidad MCDU y el ND donde aparecen los puntos de la ruta y su representación:

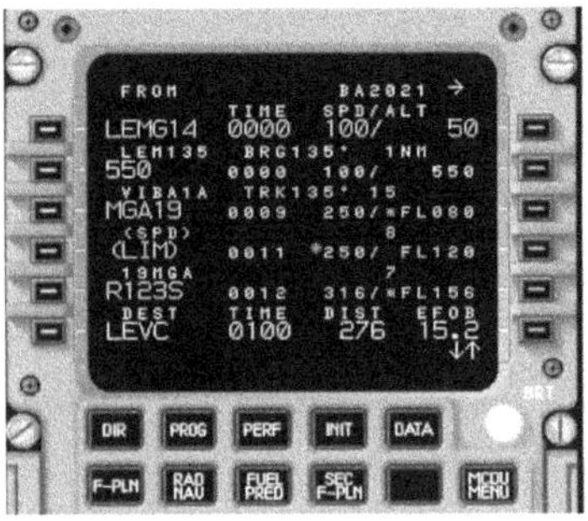

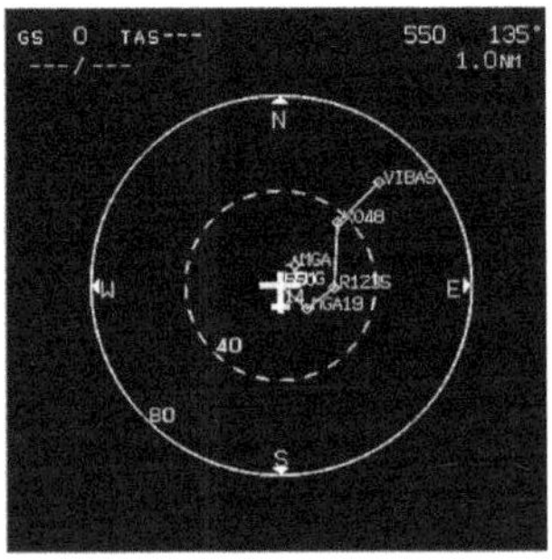

Con los últimos chequeos finalizados exitosamente, está todo listo para iniciar la secuencia de encendido de los motores. Para ello, el piloto

debe solicitar la autorización de retroceso y encendido desde la posición actual. Observando el diagrama de las posiciones de estacionamiento, la aeronave se encuentra en la posición 68.

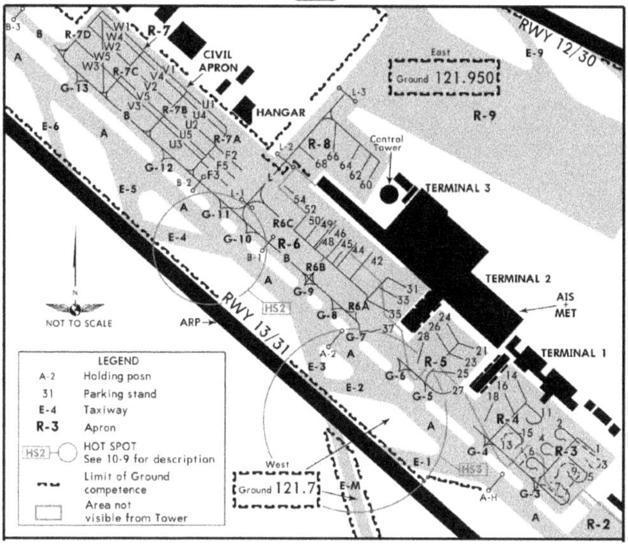

P: Málaga superficie, TEC 2017, en posición 68. Información Golf. Solicito retroceso y puesta en marcha (encendido).

C: TEC 2017 posterior a la aeronave que está pasando detrás, autorizado al retroceso y puesta en marcha aprobada.

P: Posterior a la aeronave pasando detrás, iniciamos retroceso y encendido, TEC 2017.

P: Ground good morning, TEC 2017. Stand 68. Information Golf. Request push back and start up.

C: TEC 2017 after passing the aircraft behind, clear to push back and start up.

P: After passing the aircraft behind, clear to push back and Start up TEC 2017.

La secuencia de encendido ha finalizado con éxito mientras la aeronave está siendo remolcada hasta la posición final para iniciar el rodaje. Antes de iniciar el próximo paso, es necesario obtener el permiso de rodaje donde se detallan las calles a cruzar hasta llegar a la pista en uso. Para ello, el piloto vuelve a llamar Málaga superficie con la siguiente estructura de comunicación:

P: Málaga superficie, TEC 2017. Listo a rodar.

C: TEC 2017, autorizado rodaje vía L-2, L, G-11, A hasta el punto de espera de pista 13. Luego contacte torre en 118.15.

P: Autorizado rodaje vía L-2, L, G-11, A hasta el punto de espera de pista 13. Luego contacto torre en 118.15. TEC 2017.

C: TEC 2017, colación correcta.

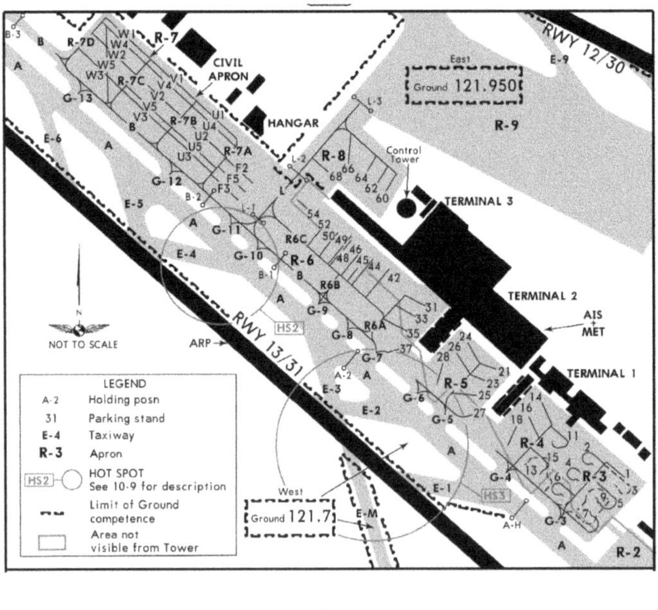

P: Málaga ground, TEC 2017. Ready to taxi.

C: TEC 2017, cleared to taxi via L-2, L, G-11, A until holding point runway 13. Then contact tower on 118.15.

P: cleared to taxi via L-2, L, G-11, A until holding point runway 13. Then contact tower on 118.15. TEC 2017.

C: TEC 2017, readback correct.

La aeronave ya está rodando por las calles mencionadas y el piloto se guía con el diagrama del aeropuerto según la cartografía que posee. La aeronave cruzará gran parte del aeropuerto hasta llegar al punto de espera de la pista 13, donde deberá contactar a control de torre para informarle su posición.

Al llegar al punto de espera de la pista 13, el piloto cambia la frecuencia y establece la primera comunicación con la torre de control.

P: Torre, buen día, TEC 2017. Alcanzando punto de espera de pista 13, listo para la salida.

C: TEC 2017, mantenga posición, tránsito de 747 en final de pista 13. Una vez que pase el tránsito, ocupe pista y mantenga posición.

P: mantenga posición, tránsito de 747 en final de pista 13. Una vez que pase el tránsito, ocupe pista y mantenga posición. TEC 2017.

... luego de que pasa el tránsito de 747 ...

C: TEC 2017, autorizado a despegar de pista 13. Posterior al despegue contacte Málaga salidas en 118.450.

P: autorizado a despegar de pista 13. Posterior al despegue contacto Málaga salidas en 118.450. TEC 2017

P: Tower good morning, TEC 2017. Holding point runway 13, ready for departure.

C: TEC 2017, hold short, 747 on final RWY13. After passing traffic on final, line up and wait.

P: Holding short RWY13. After passing the 747 on final, line up and wait. TEC 2017.

... after passing 747 ...

C: TEC 2017, cleared for takeoff RWY13. When airbone contact departure on 118.450.

P: cleared for takeoff RWY13. When airbone contact departure on 118.450. TEC 2017

La aeronave inicia la carrera de despegue y el procedimiento se realiza con éxito. En la pantalla de vuelo primario de la aeronave (PFD) se observa que la velocidad comienza a incrementarse hasta alcanzar la velocidad de rotación para iniciar el vuelo.

El altímetro comienza a aumentar su valor y, al cabo de unos instantes, la aeronave realiza el primer giro hacia el procedimiento de salida. Una vez que el vuelo está controlado, el piloto se contacta con el control de salida con la siguiente estructura de comunicación:

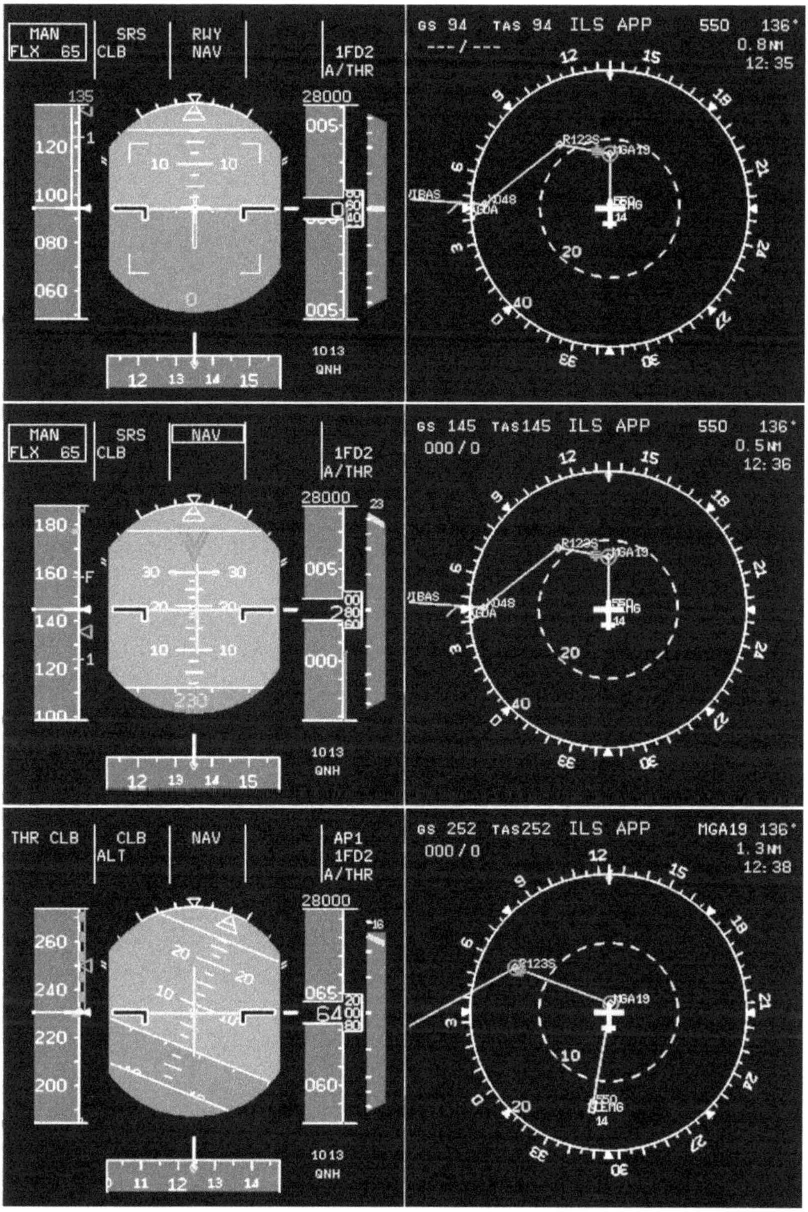

P: Málaga control, TEC 2017, buen día. Salida VIBAS 1A, cruzando 6400 FT. Respondedor 4541.

C: TEC 2017, buen día. Contacto radar. Ascienda a nivel de vuelo 310.

P: Ascendiendo a nivel de vuelo 310. TEC 2017.

P: Málaga control, TEC 2017, good morning. VIBAS 1A departure, passing 6400 FT. Squawk 4541.

C: TEC 2017, good morning. Radar contact. Climb to FL310.

P: Climbing to FL310. TEC 2017.

A menos de que exista un cambio en la instrucción de salida por parte del controlador, el piloto se limitará a mantener escucha permanente en la frecuencia sin agregar mas información. El PFD muestra un ascenso constante y el ND ha cambiado su representación para observar al punto VIBAS al final de la salida.

A fin de acortar camino, el piloto requiere volar directo a VIBAS y lo solicita al control con la siguiente estructura:

P: Málaga control, TEC 2017, solicito vuelo directo a VIBAS.

C: TEC 2017, autorizado directo a VIBAS, continue el ascenso a nivel de vuelo 310 y notifique alcanzando.

P: Directo a VIBAS, ascenso a nivel de vuelo 310 y notifico alcanzando. TEC 2017.

P: Málaga control, TEC 2017, request direct to VIBAS.

C: TEC 2017, clear to VIBAS, climb to FL310. Report reaching.

P: Clear to VIBAS, climbing to FL310. Report reaching. TEC 2017.

Cuando el piloto selecciona el vuelo directo a VIBAS en el sistema de navegación, la pantalla del ND cambia el recorrido de la ruta.

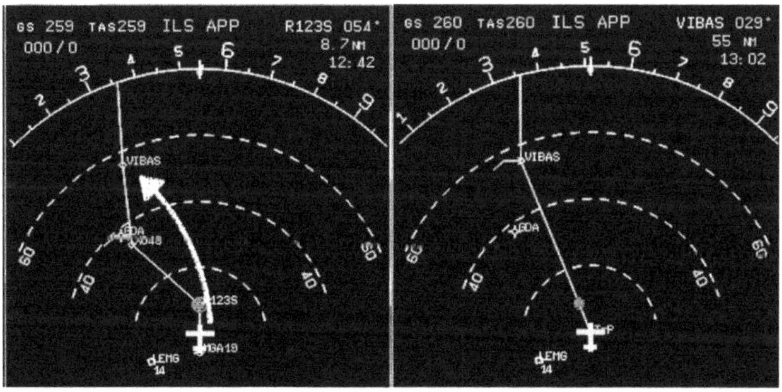

El vuelo continua con normalidad durante la fase de ascenso, sin necesidad de establecer mas comunicaciones, salvo alguna eventualidad. El próximo paso será notificar al control cuando el vuelo esté alcanzando el nivel final.

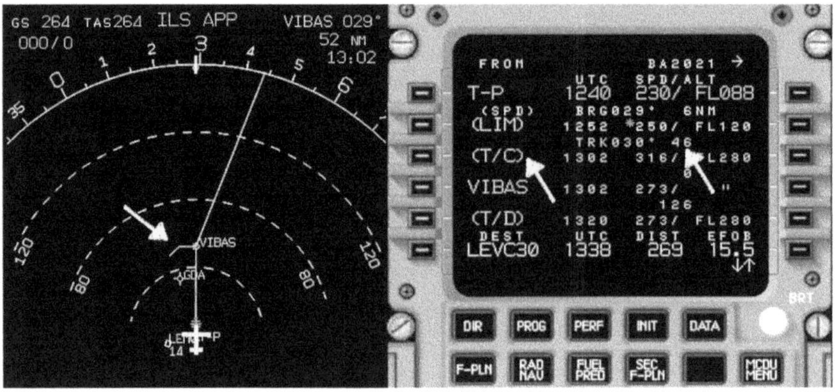

P: Málaga control, TEC 2017, alcanzando nivel de vuelo 310, posición VIBAS.

C: TEC 2017, recibido. Servicio radar terminado. Contacte Valencia centro en125.20.

P: Valencia centro en 125.20. TEC 2017. Gracias.

P: Valencia control buen día. TEC 2017. Posición VIBAS, nivel de vuelo 310. Estima posición ASTRO a las 13:02.

C: TEC 2017, Buenos días, autorizado a nivel de vuelo 310 hasta ASTRO. Identificado radar.

P: Autorizado a nivel de vuelo 310 hasta ASTRO. TEC 2017.

P: Málaga control, TEC 2017, reaching FL310, VIBAS position.

C: TEC 2017, roger. Radar service terminated. Contact Valencia center on 125.20.

P: Valencia center on 125.20. TEC 2017. Thank you.

P: Valencia control good morning. TEC 2017. VIBAS position. FL310. Estimating ASTRO position at 13:02.

C: TEC 2017, good morning. Cleared to FL310 until ASTRO.

P: Cleared FL310 until ASTRO TEC 2017.

El vuelo continua por decenas de millas mas en su fase de crucero, sin la necesidad de establecer contacto radial entre las partes, a menos que exista una necesidad puntual. La representación de la ruta en el ND muestra que se acerca la posición ASTRO y los pilotos deben prepararse para el descenso.

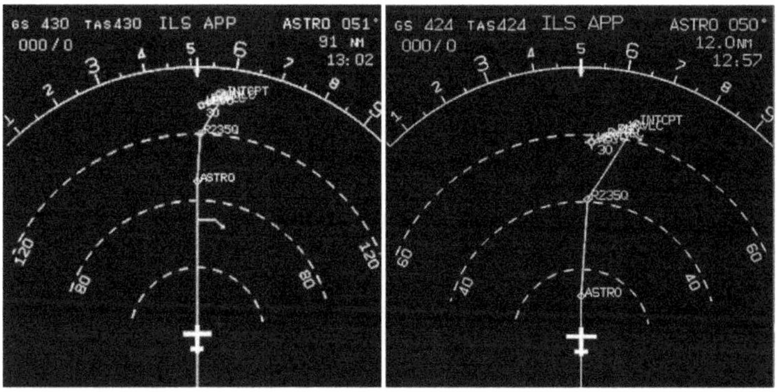

Una vez listos para iniciar el descenso, el piloto solicita el mismo al control con la siguiente estructura:

P: Málaga control, TEC 2017, listo para descenso.

C: TEC 2017, autorizado descenso hasta nivel de vuelo 120. Notifique alcanzando.

P: autorizado descenso hasta nivel de vuelo 120. Notifico alcanzando. TEC 2017. Gracias.

... alcanzando nivel de vuelo 120 ...

P: Valencia control. TEC 2017. Alcanzando nivel de vuelo 120

C: TEC 2017, recibido. Contacte Valencia aproximación en 120.10.

P: Valencia aproximación en 120.10. TEC 2017.

P: Valencia aproximación, buen día. TEC 2017. FL120

C: TEC 2017, buen día. Autorizado descenso vía ASTRO 1C.

P: Autorizado descenso vía ASTRO 1C. TEC 2017.

P: Málaga control, TEC 2017, ready to descent.

C: TEC 2017, cleared descent to FL120. Report reaching.

P: cleared descent to FL120. Report reaching. TEC 2017.

... reaching FL120 ...

P: Valencia control. TEC 2017. Reaching FL120

C: TEC 2017, roger. Contact Valencia approach on 120.10.

P: Valencia approach on 120.10. TEC 2017.

P: Valencia approach good morning. TEC 2017. FL120.

C: TEC 2017, good morning. Descent vía ASTRO 1C.

P: Descent vía ASTRO 1C. TEC 2017.

Cuando el control de aproximación autoriza el descenso basados en un procedimiento de ingreso o STAR, el piloto debe cumplir con los descensos programados en la carta determinada, en este caso según lo establecido en la carta de ingreso ASTRO 1C que se detalla a continuación:

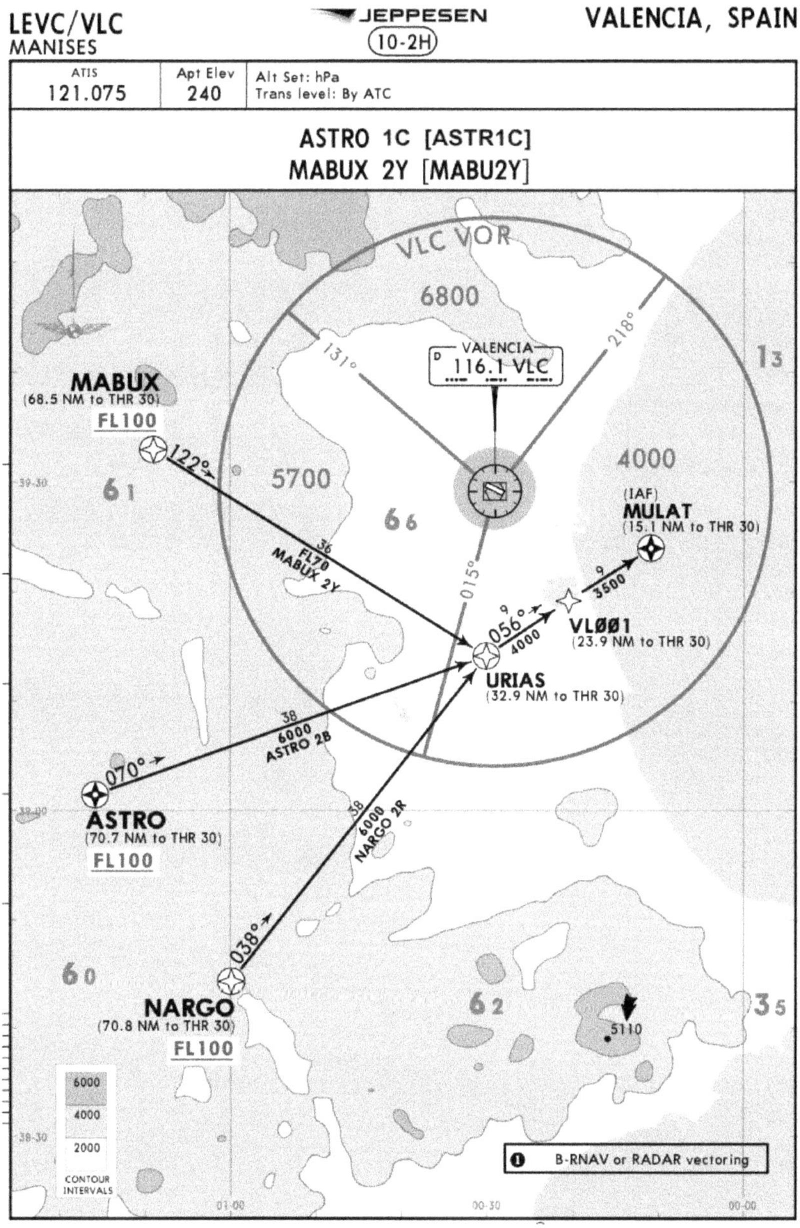

La aeronave continua el descenso desde la posición ASTRO cruzando el nivel de vuelo 100 y volando directo hacia la posición URIAS, para posteriormente, volar directo a la posición MULAT. La carta de aproximación prevista es un procedimiento ILS para la pista 30 desde la posición MULAT:

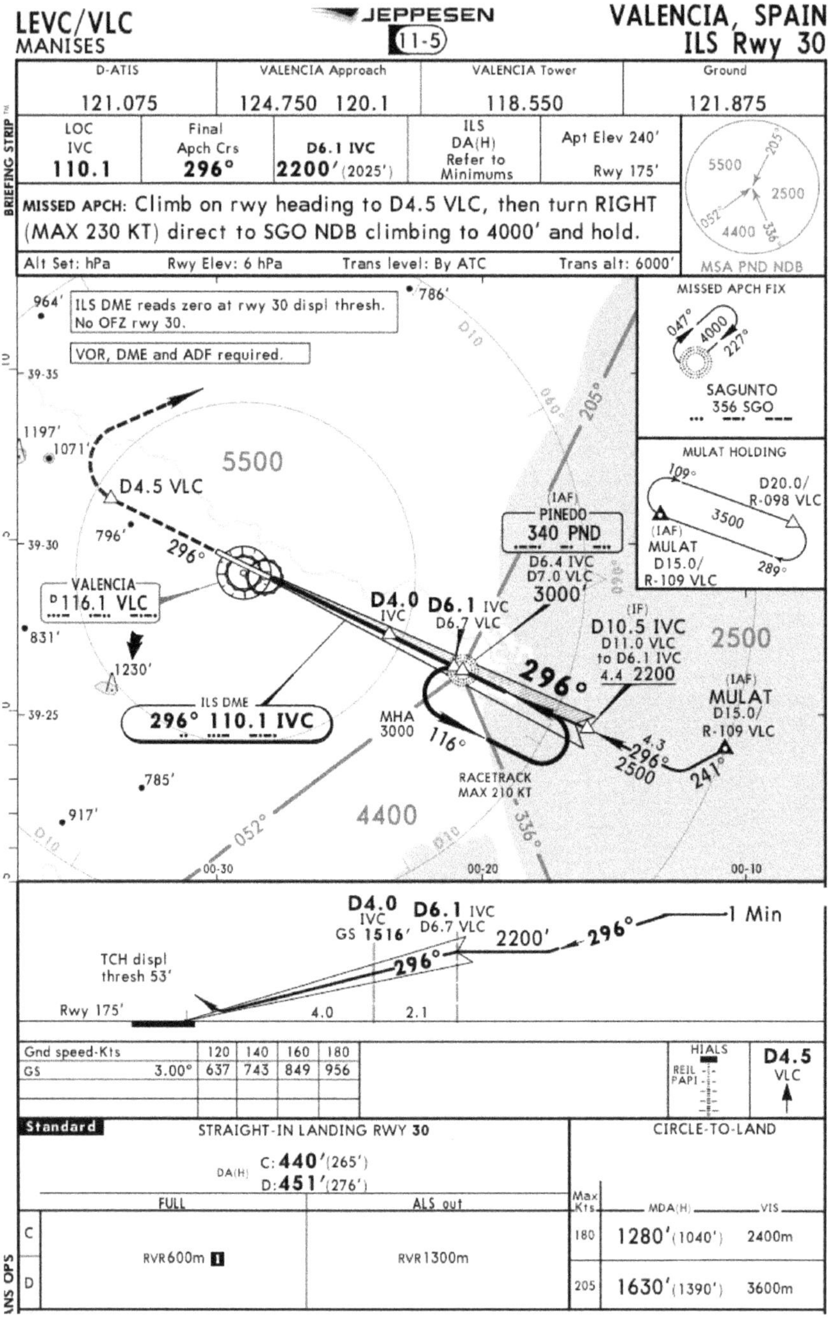

Luego de unos instantes, el control de aproximación de Valencia decide cambiar la pista en uso para agilizar el flujo de tránsitos provenientes del sector Oeste. Por tal, le informa al piloto sobre la situación y los pasos a seguir:

C: TEC 2017, por ordenamiento de tránsito, prevea vector radar y aproximación visual para pista 12.

P: Recibido, vector radar y aproximación visual para pista 12. TEC 2017.

C: TEC 2017, due to traffic, expect radar vector and visual approach to runway 12.

P: Roger. Expect radar vector and visual approach to runway 12. TEC 2017.

El piloto deberá volver a configurar la aeronave para cambiar la aproximación en el sistema de navegación.

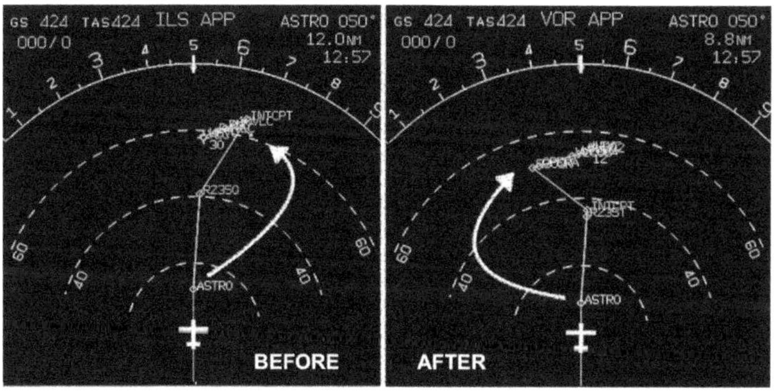

C: TEC 2017, vuele directo a OPERA, descienda a 5000 pies. Espera sobre OPERA.

P: Directo a OPERA, descienda a 5000 pies. Espera sobre OPERA TEC 2017.

C: TEC 2017, direct to OPERA position, descent to 5000 FT. Hold over OPERA.

P: Direct to OPERA, descent to 5000 FT. Hold over OPERA.. TEC 2017.

La aeronave se encuentra volando directo a la posición OPERA, donde debe realizar un procedimiento de espera sin mas comunicación que la establecida por el control, salvo que exista algun requerimiento.

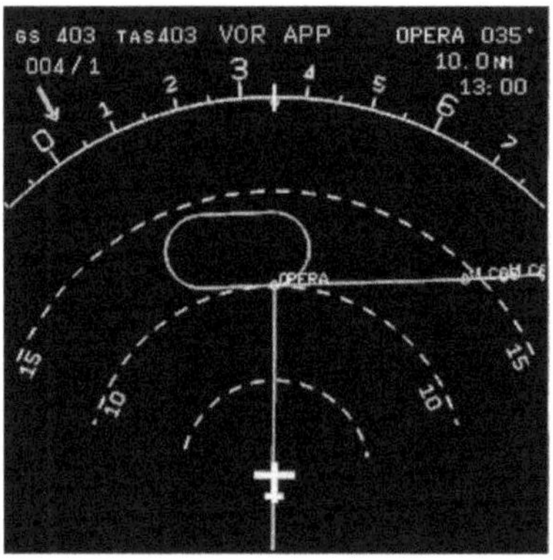

Luego de realizar un procedimiento de espera sobre la posición OPERA, el control se comunica con la aeronave para continuar con la aproximación.

C: TEC 2017, continue descenso a 3000 pies, rumbo 125°. Contacte Valencia torre en 118.550.

P: descenso a 3000 pies, rumbo 125°. Contacte Valencia torre en 118.550. TEC 2017.

P: Valencia torre, buen día. TEC 2017. Abandonando OPERA descendiendo a 3000 pies.

C: TEC 2017, buen día. Continue descenso y aproximación y notifique con la pista 12 a la vista.

P: Continuo descenso y aproximación. Notificaré con la pista 12 a la vista.

C: TEC 2017, descent to 3000 FT, heading 125°. Contact Valencia tower on 118.550.

P: Descent to 3000 FT, heading 125°. Contact Valencia tower on 118.550. TEC 2017.

P: Valencia torre, good morning. TEC 2017. Leaving OPERA, descending to 3000 FT. TEC 2017

C: TEC 2017, good morning. Continue descent and approach and report runway 12 in sight.

P: Continue descent and approach and report runway 12 in sight. TEC 2017

El vuelo ha abandonado la espera sobre la posición OPERA. Está descendiendo hacia la final de la pista 12 y aún no cuenta con la autorización para aterrizar. La próxima comunicación radial será únicamente cuando el piloto tenga la pista 12 a la vista y lo notifique al control de torre.

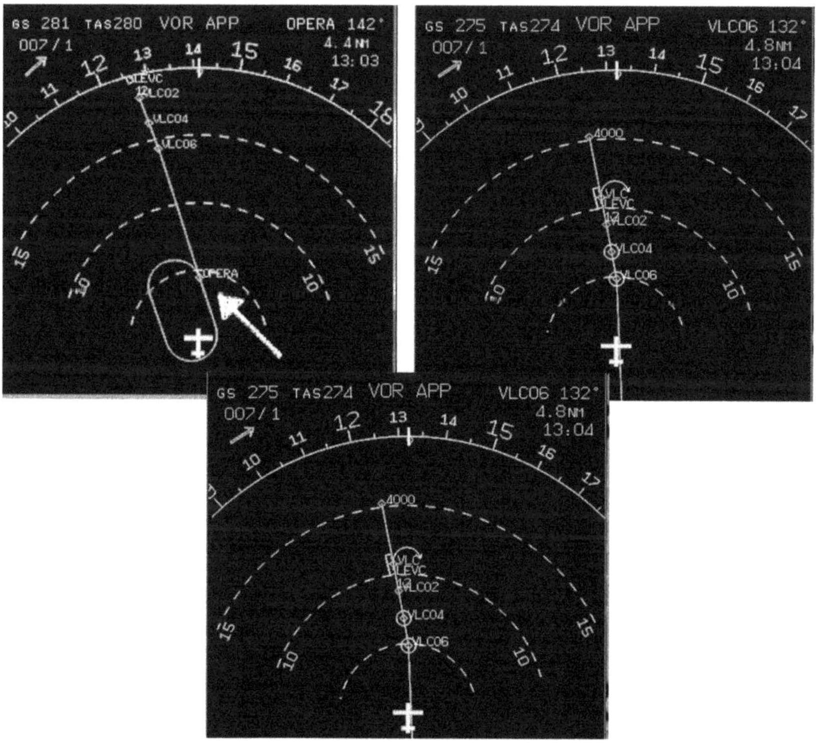

El vuelo continua según lo previsto en el tramo final de la aproximación hasta que el piloto hace contacto visual con la pista 12 y lo notifica al control con la siguiente comunicación:

P: Valencia torre, TEC 2017. Pista a la vista.

C: TEC 2017, autorizado a aterrizar pista 12.

P: Autorizado a aterrizar pista 12. TEC 2017.

P: Valencia tower, TEC 2017. Runway in sight

C: TEC 2017, cleared to land runway 12.

P: Cleared to land runway 12.. TEC 2017.

El aterrizaje ha sido exitoso. La aeronave se encuentra en la pista y Valencia torre lo contacta con la siguiente comunicación:

C: TEC 2017, aterrizado a las 13:45. Tome la próxima calle a su izquierda, calle de rodaje H3 y contacte a superficie en 121.875.

P: Próxima calle a su izquierda, H3 y contacto superficie en 121.875. TEC 2017.

C: TEC 2017, landed at 13:45. Take the next on your left, taxiway H3 and contact ground on 121.875.

P: The next on the left, taxiway H3 and contact ground on121.875. TEC 2017.

Comunicaciones en situaciones anormales

- "Abnormal Communications" –

Con el fin de lograr maximizar y enriquecer tu vocabulario técnico aeronáutico, se plantean diferentes situaciones anormales para cada etapa del vuelo. El objetivo de estas comunicaciones anormales es simplemente, lograr entender y aprender las diferentes estructuras tanto en español como en ingles, respetando los términos aeronáuticos con lo que, seguramente, te encontrarás a lo largo de toda tu carrera como Piloto Profesional.

Si bien las comunicaciones anormales, o mejor dicho, ante situaciones anormales, suelen desviarse momentáneamente de las estructuras básicas, suelen ser comunicaciones concisas y concretas de la situación por la que se esta atravesando y las futuras acciones a seguir.

Ten en mente, que ante una situación anormal, es tu deber como autoridad máxima de una aeronave, ser profesional en cada comunicación, ya sea con el control, con los pasajeros o con tus propios compañeros del vuelo. En situaciones adversas, el ser humano tiende a actuar de manera irracional como todo ser vivo en el reino animal, pero es justamente, la capacidad de actuar racionalmente en situaciones difíciles, lo que nos distingue del resto de los seres vivos. ***"Se Profesional. Se Diferente."***

Disfruta de los ejemplos típicos y "no tan típicos" con los que te podríamos cruzar a lo largo de un vuelo no tan común.

A continuación se analizan algunos extractos del excelente libro "Inglés Aeronáutico" de esta colección, un material que sin duda todo piloto debería tener en su biblioteca.

START-UP (abnormal operation)

En esta etapa analizaremos las primeras situaciones anormales que pueden presentarse durante este procedimiento.

1) Situación anormal: *pasajero perdido.*

P: Ground good morning, TCAir 5663. Stand A12. Information Golf. Request Start up to Lima.

C: TCAir 5663 expect Start up in 10 minutes.

P: Expecting Start up in 10 minutes. TCAir 5663.

P: Ground, TCAir 5663. We have to delay our Start up time due to passenger baggage identification process. We have one passenger missing.

C: Roger, TCAir 5663.

2) Situación anormal: *animal vivo en bodega.*

P: Ground good morning, TCAir 5663. Stand A12. Information Golf. Request Start up to Lima.

C: TCAir 5663 there's a 30 minute delay due to traffic.

P: We need to start up as soon as possible. We've got livestock in the hold. Request priority to Start up.

C: TCAir 5663, Star up approved.

3) ***Situación anormal:*** *Avión detrás.*

P: Ground good morning, TCAir 5663. Stand A12. Information Golf. Request Start up to Lima.

C: TCAir 5663 there is a B747 passing behind you from left to right, after passing traffic, Start up approved.

P: Roger. After passing B747, Start up approved. TCAir 5663.

Stand *(estacionamiento).* ***Approved*** *(aprobado).* ***At Your Discretion*** *(a discresión).* ***Livestock*** *(animal vivo).* ***Slot Time*** *(turno).* ***Roger*** *(recibido).* ***Baggage*** *(valija).* ***As soon as possible*** *(tan pronto sea posible).* ***Passenger missing*** *(pasajero perdido).*

TAXI (abnormal operation)

1) ***Situacion anormal:*** *maletas perdidas en la calle de rodaje.*

P: Ground, TCAir 5663. Ready to taxi.

C: TCAir 5663, cleared to taxi via E, G until holding point RWY13.

P: Cleared to taxi via E, G until holding point RWY13. TCAir 5663...

Ground, TCAIR 5663, we are on taxiway E and there are some baggage over taxiway in front of us and we don't enough room to overtake it.

C: TCAir 5663, roger, turn left on your next, then continue via H until G, and then via G until holding point RWY13. airport's personal is on way to solve it.

P: Turn left on the next, then H and G until holding point RWY13. Thank you, TCAir 5663.

2) ***Situacion anormal:*** *rodaje bajo condiciones de baja visibilidad.*

P: Ground, TCAir 5663. Ready to taxi.

C: TCAir 5663, taxi via H, J1, J2 and F until holding point RWY13.

P: Taxi via H, J1, J2 and F until holding point RWY13. TCAir 5663.

… after a couple of minutes…

P: Ground, TCAir 5663. We don't have enough visibility and we are on taxiway M3, we are lost. Request assistance.

C: TCAir 5663, roger, wait there for the "Follow Me" car.

3) ***Situacion anormal:*** *Avería en el tren de nariz.*

P: Ground, TCAir 5663. Ready to taxi.

C: TCAir 5663, taxi via main, B1, B2 until holding point RWY13.

P: Taxi via main, B1, B2 until holding point RWY13TCAir 5663.

P: Ground, TCAir 5663. We have a problem with the "Nose Wheel Steering" system and we are unavailable to continue. We need a tow truck to tow us to the apron.

Taxi (rodaje). ***Holding Point*** (punto de espera). ***Hold Short*** (aguarde en...). ***Readback*** (repetición). ***RWY*** (pista). ***Reaching*** (alcanzando) ***Overtake it*** (sobrepasar). ***Solve it*** (solucionar). ***Follow Me Car*** (Vehículo guía).

Escanea el código QR y escucha el audio de un ejemplo de este ejercicio.

(Video de acceso público disponible en YouTube. Reproducción sujeta al canal de YouTube)

TAKEOFF and INITIAL CLIMB (abnormal operation)

Toda situación de emergencia que sucede posterior a la V1, es una situación que debe ser resuelta en vuelo. Aquí el dialogo entre las partes debe ser acotado debido a la posible congestión de transito en el espacio aéreo.

1) ***Situacion anormal:*** *Falla de motor y retorno al aeropuerto con exceso de peso para el aterrizaje.*

C: TCAir 5663, Cleared for takeoff RWY13. When airborne contact control on 124.90.

P: Cleared for takeoff RWY13. Airborne contact control on 124.90. TCAir 5663. Thank you.

After liftoff...

P: Tower TCAir 5663, Engine Failure. Request immediate return and priority to land. We need to dump 3 tons of fuel first. Request vector to dumping area.

C: TCAir 5663, roger, proceed to dumping area, turn right heading 200° 15 NM between radials 210 and 230. Report ready to return.

P: Tower TCAir 5663, dumping procedure is done, request vector to return direct to final RWY13.

Ante esta situación en particular, el capitán debería realizar un anuncio a los pasajeros sobre la situación y las acciones siguientes para evitar un pánico colectivo entre ellos. El mensaje puede variar en función a cada compañía. Veamos un modelo de ejemplo:

"Ladies and gentlemen, the captain speaking. We need to return to the airport due to technical check. The situation is under control but airline policy request to carry out some additional procedures to ensure the correct functionality of the system. We will be landed in 10 minutes. We apology for this delay. Thank you"

2) *Situación anormal:* *Ingesta de pájaros en motores luego de la rotación.*

C: TCAir 5663, Cleared for takeoff RWY13. When airborne contact control on 124.90.

P: Cleared for takeoff RWY13. Airborne contact control on 124.90. TCAir 5663. Thank you.

P: Tower TCAir 5663, we had a bird strike passing 300FT. Engines are still running with little failures, we are coming back Request priority to land.

C: TCAir 5663, roger, proceed at your discretion, other traffics are holding 20NM out of the airport. Report on final runway in sight.

P: Tower TCAir 5663, on final runway in sight. We lost engine 1 and engine 2 is not working at 100%. After landing we will stop the aircraft and we will need a tow truck to tow us to the apron.

C: TCAir 5663, roger, cleared to land RWY13. Tow services are waiting for you.

3) *Situación anormal:* *Tormenta al frente y radar meteorológico fuera de servicio.*

C: TCAir 5663, Cleared for takeoff RWY13. When airborne contact control on 124.90.

P: Cleared for takeoff RWY13. Airborne contact control on 124.90. TCAir 5663. Thank you.

P: Control good morning, TCAir 5663, Alpha 31B departure passing 1500FT. Request divert to the west due to big storm in front of us. Our weather radar is out of service and we are not able to continue on this heading.

C: TCAir 5663, roger. Turn right heading 270°, maintain FL070 until passing radial 250, then climb to FL150 until 50NM. Request level change on route. Confirm if you are able to do it.

P: Control, TCAir 5663, wilco. Turn right 270° and mantain FL070.

P: Control TCAir 5663, reaching FL070 with severe turbulence and another building up in front of us. Reaching FL070 with severe turbulence and heavy storm in front of us. We request vectors to return to the airport. We are unable to continue with the flight plan.

Esta es otra situación donde es necesario informar a los pasajeros de las acciones a tomar a fin de evitar el mal estar o pánico que pueda generar la meteorología adversa en las personas. Veamos un ejemplo:

"Ladies and gentlemen, the captain speaking. Due to safety reasons we have decided to return to the airport. The weather conditions have got worse. The situation is under control but airline policy request to return and land safely. We will be landed in 10 minutes. We apology for this delay. Thank you"

Climb *(ascenso).* ***Expedite*** *(apresurar/acelerar).* ***Passing*** *(pasar).* ***Crossing*** *(cruzando).* ***Dump*** *(tirar).* ***Dumping Area*** *(area de derrame)* ***Bird Strike*** *(ingesta de aves).* ***Wilco*** *(lo haré / will do).* ***Cleared*** *(autorizado a).*

Escanea el código QR y escucha el audio de un ejemplo de este ejercicio.

(Video de acceso público disponible en YouTube. Reproducción sujeta al canal de YouTube)

Capítulo 7

Comunicaciones

Aviation Bookstore
aviation step by step

Abreviaturas

A continuación se detallan las abreviaturas aeronáuticas mas utilizadas en el ámbito. Si bien resultaría muy extenso describir cada uno de los términos y abreviaturas aeronáuticas, el siguiente resumen abarca las mas importantes a conocer por los pilotos y operadores.

A

A	Ámbar
AAA	Mensaje meteorológico enmendado
AAD	Desviación respecto a la altitud asignada
AAIM	Comprobación autónoma de la integridad de la aeronave
AAL	Por encima del nivel del aeródromo
ABI	Información anticipada sobre límite
ABM	Al través
ABN	Faro de aeródromo
ABT	Alrededor de
ABV	Por encima de .
AC	Altocumulus
ACARS †	Sistema de direccionamiento e informe para comunicaciones de aeronaves.
ACAS	Sistema anticolisión de a bordo
ACC ‡	Centro de control de área o control de área
ACCID	Notificación de un accidente de aviación
ACFT	Aeronave
ACK	Acuse de recibo
ACL	Emplazamiento para la verificación de altímetro
ACN	Número de clasificación de aeronaves
ACP	Aceptación (designador de tipo de mensaje)
ACPT	Acepto o aceptado
ACT	Activo o activado o actividad
AD	Aeródromo
ADA	Área con servicio de asesoramiento
ADC	Plano de aeródromo
ADDN	Adición o adicional
ADF ‡	Equipo radiogoniométrico automático
ADIZ †	(debe pronunciarse "EI-DIS") Zona de identificación de defensa aérea
ADJ	Adyacente
ADO	Oficina de aeródromo
ADR	Ruta con servicio de asesoramiento
ADS	Vigilancia dependiente automática
ADSU	Dependencia de vigilancia automática
ADVS	Servicio de asesoramiento
ADZ	Avise
AES	Estación terrena de aeronave
AFIL	Plan de vuelo presentado desde el aire
AFIS	Servicio de información de vuelo de aeródromo
AFM	Sí o conforme o afirmativo o correcto
AFS	Servicio fijo aeronáutico
AFT	Después de . . . (hora o lugar)
AFTN ‡	Red de telecomunicaciones fijas aeronáuticas
A/G	Aire a tierra
AGA	Aeródromos, rutas aéreas y ayudas terrestres
AGL	Sobre el nivel del terreno
AGN	Otra vez
AIC	Circular de información aeronáutica
AIDC	Comunicaciones de datos entre instalaciones de servicios de tránsito aéreo
AIP	Publicación de información aeronáutica
AIRAC	Reglamentación y control de la información aeronáutica
AIREP †	Aeronotificación

AIRMET †	Información relativa a fenómenos meteorológicos en ruta que puedan afectar la seguridad de las operaciones de aeronaves a baja altura
AIS	Servicio de información aeronáutica
ALA	Área de amaraje
ALERFA †	Fase de alerta
ALR	Alerta (designador de tipo de mensaje)
ALRS	Servicio de alerta
ALS	Sistema de iluminación de aproximación
ALT	Altitud
ALTN	Alternativa o alternante (luz que cambia de color)
ALTN	Alternativa (aeródromo de)
AMA	Altitud mínima de área
AMD	Enmiende o enmendado
AMDT	Enmienda (Enmienda AIP)
AMS	Servicio móvil aeronáutico
AMSL	Sobre el nivel medio del mar
AMSS	Servicio móvil aeronáutico por satélite
ANC	Carta aeronáutica — 1:500 000 (seguida del nombre/título)
ANCS	Carta de navegación aeronáutica — escala pequeña (seguida del nombre/título y escala)
ANS	Contestación
AOC	Plano de obstáculos de aeródromo (seguido del tipo y del nombre/título)
AP	Aeropuerto
APAPI †	Indicador simplificado de trayectoria de aproximación de precisión
APCH	Aproximación
APDC	Plano de estacionamiento y atraque de aeronaves (seguido del nombre/título)
APN	Plataforma
APP	Oficina de control de aproximación o control de aproximación o servicio de control de aproximación
APR	Abril
APRX	Aproximado o aproximadamente
APSG	Después de pasar
APV	Apruebe o aprobado o aprobación
ARC	Plano de área
ARNG	Arreglo
ARO	Oficina de notificación de los servicios de tránsito aéreo
ARP	Punto de referencia de aeródromo
ARP	Aeronotificación (designador de tipo de mensaje)
ARQ	Corrección automática de errores
ARR	Llegada (designador de tipo de mensaje)
ARR	Llegar o llegada
ARS	Aeronotificación especial (designador de tipo de mensaje)
ARST	Detención [señala (parte del) equipo de detención de aeronave]
AS	Altostratus
ASC	Suba o subiendo a
ASDA	Distancia disponible de aceleración-parada
ASE	Error del sistema altimétrico
ASPEEDG	Ganancia de velocidad aerodinámica
ASPEEDL	Pérdida de velocidad aerodinámica
ASPH	Asfalto
AT	A las
ATA ‡	Hora real de llegada
ATC ‡	Control de tránsito aéreo (en general)
ATD ‡	Hora real de salida
ATFM	Gestión de la afluencia del tránsito aéreo
ATIS †	Servicio automático de información terminal

† *Cuando se utiliza radiotelefonía, las abreviaturas y términos se transmiten como palabras habladas.*

‡ Cuando se utiliza radiotelefonía, las abreviaturas y términos se transmiten enunciando cada letra en forma no fonética.

Aviation Bookstore
aviation step by step

ATP	A las . . . (hora) [o en . . . (lugar)]
ATS	Servicio de tránsito aéreo
ATTN	Atención
AT-VASIS†	Sistema visual indicador de pendiente de aproximación simplificado en T
ATZ	Zona de tránsito de aeródromo
AUG	Agosto
AUTH	Autorizado o autorización
AUW	Peso total
AUX	Auxiliar
AVBL	Disponible o disponibilidad
AVG	Promedio, media
AVGAS†	Gasolina de aviación
AWTA	Avise hora en que podrá
AWY	Aerovía
AZM	Azimut

B

B	Azul
BA	Eficacia del frenado
BASE	Base de las nubes
BCFG	Niebla en bancos
BCN	Faro (luz aeronáutica de superficie)
BCST	Radiodifusión
BDRY	Límite
BECMG	Cambiando a
BFR	Antes
BKN	Cielo nuboso
BL	Ventisca alta (seguida de DU = polvo, SA = arena o SN = nieve)
BLDG	Edificio
BLO	Por debajo de nubes
BLW	Por debajo de . . .
BOMB	Bombardeo
BR	Neblina
BRF	Corta (utilizada para indicar el tipo de aproximación deseado o requerido)
BRG	Marcación
BRKG	Frenado
BS	Estación de radiodifusión comercial
BTL	Entre capas
BTN	Entre (como preposición)

C

C	Grados Celsius (Centígrados)
CAT	Categoría
CAT	Turbulencia en aire despejado
CAVOK †	Visibilidad, nubes y condiciones meteorológicas actuales mejores que los valores o condiciones prescritos
CB	Cumulonimbus
CC	Cirrocumulus
CCA	Mensaje meteorológico corregido (designador de tipo de mensaje)
CD	Candela
CDN	Coordinación (designador de tipo de mensaje)
CF	Cambie frecuencia a . . .
CFM	Confirme o confirmo (para utilizar en AFS como señal de procedimiento)
CGL	Luz de guía en circuito
CH	Canal
CH	Transmisión de verificación de continuidad de canal para permitir la comparación de su registro de los números de orden en el canal correspondientes a los mensajes recibidos por este canal (para utilizar en AFS como señal de procedimiento)
CHG	Modificación (designador de tipo de mensaje)
CI	Cirrus
CIDIN †	Red OACI común de datos
CIT	Cerca de o sobre, ciudades grandes
CIV	Civil
CK	Verifique
CL	Eje
CLA	Tipo cristalino de formación de hielo
CLBR	Calibración
CLD	Nubes
CLG	Llamando
CLIMB-OUT	Area de ascenso inicial

CLR	Libre de obstáculos o autorizado para o autorización
CLRD	Pista(s) libre(s) de obstáculos (utilizada en METAR/SPECI)
CLSD	Cierre o cerrado o cerrando
CM	Centímetros
CMB	Ascienda a o ascendiendo a
CMPL	Finalización o completado o completo
CNL	Cancelación de plan de vuelo (designador de tipo de mensaje)
CNL	Cancelar o cancelado
CNS	Comunicaciones, navegación y vigilancia
COM	Comunicaciones
CONC	Hormigón
COND	Condición
CONS	Continuo
CONST	Construcción o construido
CONT	Continúe o continuación
COOR	Coordine o coordinación
COORD	Coordenadas
COP	Punto de cambio
COR	Corrija o corrección o corregido (utilizado para indicar un mensaje meteorológico corregido, designador de tipo de mensaje)
COT	En la costa
COV	Abarcar o abarcado o abarcando
CPDLC ‡	Comunicaciones por enlace de datos controlador-piloto
CPL	Plan de vuelo actualizado **(designador de tipo de mensaje)**
CRC	Verificación por redundancia cíclica
CRZ	Crucero
CS	Cirrostratus
CS	Distintivo de llamadas
CTA	Área de control
CTAM	Suba hasta y mantenga
CTC	Contacto
CTL	Control
CTN	Precaución
CTR	Zona de control
CU	Cumulus
CUF	Cumuliforme
CUST	Aduana
CVR	Registrador de la voz en el puesto de pilotaje
CW	Onda continúa
CWY	Zona libre de obstáculos

D

D	En disminución (tendencia del RVR durante los 10 minutos previos)
D	Zona peligrosa (seguida de la identificación)
DA	Altitud de decisión
D-ATIS †	(debe pronunciarse "DI-ATIS") Servicio automático de información terminal por enlace de datos
DCD	Duplex de doble canal
DCKG	Atraque
DCP	Punto de cruce de referencia
DCPC	Comunicaciones directas controlador-piloto
DCS	Simplex de doble canal
DCT	Directo (con relación a los permisos del plan de vuelo y tipo de aproximación)
DE*	De (se utiliza para que preceda a la señal distintiva de la estación que llama) (para utilizar en AFS como señal de procedimiento)
DEC	Diciembre
DEG	Grados
DEP	Salga o salida
DEP	Salida (designador de tipo de mensaje)
DES	Descienda a o descendiendo a
DEST	Destino
DETRESFA †	Fase de socorro
DEV	Desviación o desviándose
DFDR	Registrador digital de datos de vuelo
DFTI	Indicador de la distancia al punto de toma de contacto
DH	Altura de decisión
DIF	Difusas (nubes)
DIST	Distancia

DIV Desvíese de la ruta o desviándome de la ruta
DLA Demora o demorado
DLA Demora (designador de tipo de mensaje)
DLIC Capacidad de iniciación de enlace de datos
DLY Diariamente
DME Equipo radiotelemétrico
DNG Peligro o peligroso
DOM Nacional o interior
DP Temperatura del punto de rocío
DPT Profundidad
DR A estima
DR . . . Ventisca baja (seguida de DU = polvo, SA = arena o SN = nieve)
DRG Durante
DS Tempestad de polvo
DSB Banda lateral doble
DTAM Descienda hacia y mantenga
DTG Grupo fecha-hora
DTHR Umbral de pista desplazado
DTRT Empeora o empeorando
DTW Ruedas gemelas en tándem
DU Polvo
DUC Nubes densas en altitud
DUPE Este es un mensaje duplicado (para utilizar en AFS como señal de procedimiento)
DUR Duración
D-VOLMET Enlace de datos VOLMET
DVOR VOR Doppler
DW Ruedas gemelas
DZ Llovizna

E

E Este o longitud este
EAT Hora prevista de aproximación
EB Dirección este
EDA Área de elevación diferencial
EEE Error (para utilizar en AFS como señal de procedimiento)
EET Duración prevista
EFC Prever nueva autorización
EGNOS † Servicio europeo de complemento geoestacionario de navegación
EHF Frecuencia extremadamente alta [30 000 a 300 000 MHz]
ELBA † Radiobaliza de emergencia para localización de aeronaves
ELEV Elevación
ELR Radio de acción sumamente grande
ELT Transmisor de localización de emergencia
EM Emisión
EMBD Inmersos en una capa (para indicar los cumulonimbus inmersos en las capas de otras nubes)
EMERG Emergencia
END Extremo de parada (relativo al RVR)
ENE Estenordeste
ENG Motor
ENR En ruta
ENRC . . . Carta en ruta (seguida del nombre/título)
EOBT Hora prevista de fuera calzos
EQPT Equipo
ER Aquí . . . o adjunto
ESE Estesudeste
EST Estimar o estimado o estimación (designador de tipo de mensaje)
ETA ‡ Hora prevista de llegada o estimo llegar a las . . .
ETD ‡ Hora prevista de salida o estimo salir a las . . .
ETO Hora prevista sobre punto significativo
EV Cada
EXC Excepto
EXER Ejercicios o ejerciendo o ejercer
EXP Se espera o esperado o esperando
EXTD Se extiende o extendiéndose

F

F	Fijo(a)
FAC	Instalaciones y servicios
FAF	Punto de referencia de aproximación final
FAL	Facilitación del transporte aéreo internacional
FAP	Punto de aproximación final
FATO	Área de aproximación final y de despegue
FAX	Transmisión facsímil
FBL	Ligera (utilizada para indicar la intensidad de los fenómenos meteorológicos, interferencia o informes sobre estática, por ejemplo FBL RA = lluvia ligera)
FC	Tromba (tornado o tromba marina)
FCST	Pronóstico
FCT	Coeficiente de razonamiento
FDPS	Sistema de procesamiento de datos de vuelo
FEB	Febrero
FEW	Algunas nubes
FG	Niebla
FIC	Centro de información de vuelo
FIR ‡	Región de información de vuelo
FIS	Servicio de información de vuelo
FISA	Servicio automático de información de vuelo
FL	Nivel de vuelo
FLD	Campo de aviación
FLG	Destellos
FLR	Luces de circunstancias
FLT	Vuelo
FLTCK	Verificación de vuelo
FLUC	Fluctuante o fluctuación o fluctuado
FLW	Sigue o siguiendo
FLY	Volar o volando
FM	Desde
FM......	Desde (seguida de la hora a la que se pronostica que se iniciará el cambio meteorológico)
FMS ‡	Sistema de gestión de vuelo
FMU	Dependencia de organización de la afluencia
FNA	Aproximación final
FPAP	Punto de alineación de la trayectoria de vuelo
FPL	Plan de vuelo presentado (designador de tipo de mensaje)
FPM	Pies por minuto
FPR	Ruta de plan de vuelo
FR	Combustible remanente
FREQ	Frecuencia
FRI	Viernes
FRNG	Disparos
FRONT †	Frente (meteorológico)
FRQ	Frecuente
FSL	Aterrizaje completo
FSS	Estación de servicio de vuelo
FST	Primero
FT	Pies (unidad de medida)
FTP	Punto de umbral ficticio
FU	Humo
FZ	Engelante o congelación
FZDZ	Llovizna engelante
FZFG	Niebla engelante
FZRA	Lluvia engelante

G

G . . .	Variaciones respecto a la velocidad media del viento (ráfagas) (seguida por cifras en METAR/SPECI y TAF)
G	Verde
GA	Continúe pasando su tráfico (para utilizar en AFS como señal de procedimiento)
G/A	Tierra a aire
G/A/G	Tierra a aire y aire a tierra
GAGAN †	Navegación aumentada por GPS y órbita geoestacionaria
GAMET	Pronóstico de área para vuelos a baja altura
GARP	Punto de referencia en azimut del GBAS
GBAS†	(debe pronunciarse “CHI-BAS”) Sistema de aumentación basado en tierra
GCA ‡	Sistema de aproximación dirigida desde tierra o

GEN	General
GEO	Geográfico o verdadero
GES	Estación terrena de tierra
GLD	Planeador
GLONASS †	Sistema orbital mundial de navegación por satélite (debe pronunciarse "GLO-NAS")
GMC . . .	Carta de movimiento en la superficie (seguida del nombre/título)
GND	Tierra
GNDCK	Verificación en tierra
GNSS ‡	Sistema mundial de navegación por satélite
GP	Trayectoria de planeo
GPS ‡	Sistema mundial de determinación de la posición
GR	Granizo
GRAS †	Sistema de aumentación regional basado en tierra (debe pronunciarse "CHI-RAS")
GRASS	Área de aterrizaje cubierta de césped
GRIB	Datos meteorológicos procesados como valores reticulares expresados en forma binaria (clave meteorológica)
GRVL	Grava
GS	Velocidad respecto al suelo
GS	Granizo menudo o nieve granulada
GUND	Ondulación geoidal

H

H	Área de alta presión o centro de alta presión
H24	Servicio continuo de día y de noche
HAPI	Indicador de trayectoria de aproximación para helicópteros
HBN	Faro de peligro
HDF	Estación radiogoniometría de alta frecuencia
HDG	Rumbo
HEL	Helicóptero
HF ‡	Alta frecuencia [3 000 a 30 000 kHz]
HGT	Altura o altura sobre
HJ	Desde la salida hasta la puesta del sol
HLDG	Espera
HN	Desde la puesta hasta la salida del sol
HO	Servicio disponible para atender a las necesidades de las operaciones
HOL	Vacaciones
HOSP	Aeronave hospital
HPA	Hectopascal
HR	Horas
HS	Servicio disponible durante las horas de los vuelos regulares
HURCN	Huracán
HVDF	Estaciones radiogoniometrías de alta y muy alta frecuencias (situadas en el mismo lugar)
HVY	Pesado(a)
HVY	Fuerte (se utiliza para indicar la intensidad del fenómeno meteorológico, por ejemplo, lluvia fuerte = HVY RA)
HX	Sin horas determinadas de servicio
HYR	Más elevado
HZ	Calima
HZ	Hertzio (ciclo por segundo)

I

IAC . . .	Carta de aproximación por instrumentos (seguida del nombre/título)
IAF	Punto de referencia de aproximación inicial
IAO	Dentro y fuera de las nubes
IAP	Procedimiento de aproximación por instrumentos
IAR	Intersección de rutas aéreas
IAS	Velocidad indicada
IBN	Faro de identificación
IC	Cristales de hielo (cristales de hielo muy pequeños en

suspensión denominados también polvo brillante)

ICE	Engelamiento
ID	Identificador o identificar
IDENT †	Identificación
IF	Punto de referencia de aproximación intermedia
IFF	Identificación amigo/enemigo
IFR ‡	Reglas de vuelo por instrumentos
IGA	Aviación general internacional
ILS ‡	Sistema de aterrizaje por instrumentos
IM	Radiobaliza interna
IMC ‡	Condiciones meteorológicas de vuelo por instrumentos
IMG	Inmigración
IMI	Signo de interrogación (para utilizar en AFS como señal de procedimiento)
IMPR	Mejora o mejorando
IMT	Inmediato o inmediatamente
INA	Aproximación inicial
INBD	De entrada, de llegada
INC	Dentro de nubes
INCERFA †	Fase de incertidumbre
INFO †	Información
INFORME MET	Informe meteorológico ordinario local (en lenguaje claro abreviado)
INOP	Fuera de servicio
INP	Si no es posible
INPR	En marcha
INS	Sistema de navegación inercial
INSTL	Instalar o instalado o instalación
INSTR	Instrumento (por instrumento)
INT	Intersección
INTL	Internacional
INTRG	Interrogador
INTRP	Interrumpir o interrupción o interrumpido
INTSF	Intensificación o intensificándose
INTST	Intensidad
IR	Hielo en la pista
ISA	Atmósfera tipo internacional
ISB	Banda lateral independiente
ISOL	Aislado

J

JAN	Enero
JTST	Corriente en chorro
JUL	Julio
JUN	Junio

K

KG	Kilogramos
KHZ	Kilohertzio
KM	Kilómetros
KMH	Kilómetros por hora
KPA	Kilopascal
KT	Nudos
KW	Kilovatios

L

L	Área de baja presión o centro de baja presión
. . . L	izquierda (precedida por el número de designación para identificar una pista paralela)
L	Radiofaro de localización (véase LM, LO)
LAM	Acuse de recibo lógico (designador de tipo de mensaje)
LAN	Tierra adentro
LAT	Latitud
LDA	Distancia de aterrizaje disponible
LDAH	Distancia de aterrizaje disponible para helicópteros
LDG	Aterrizaje
LDI	Indicador de dirección de aterrizaje
LEN	Longitud

LF	Baja frecuencia [30 a 300 kHz]
LGT	Luz o iluminación
LGTD	Iluminado
LIH	Luz de gran intensidad
LIL	Luz de baja intensidad
LIM	Luz de intensidad media
LLZ	Localizador
LM	Radiofaro de localización intermedio
LMT	Hora media local
LNG	Larga (utilizada para indicar el tipo de aproximación deseado o requerido)
LO	Radiofaro de localización exterior
LOC	Local o localmente o emplazamiento o situado
LONG	Longitud
LORAN†	LORAN (sistema de navegación de larga distancia)
LR	El último mensaje que recibí fue... (para utilizar en AFS como señal de procedimiento)
LRG	De larga distancia
LS	El último mensaje que envié fue... o El último mensaje fue... (para utilizar en AFS como señal de procedimiento)
LTD	Limitado
LTP	Punto del umbral de aterrizaje
LTT	Teletipo de línea alámbrica
LV	Ligero y variable (con respecto al viento)
LVE	Abandone o abandonado
LVL	Nivel
LYR	Capa o en capas

M

. . . M	Metros (precedido por cifras)
M . . .	Número de Mach (seguido de cifras)
M . . .	Valor mínimo del alcance visual en la pista (seguida por cifras en METAR/SPECI)
MAA	Altitud máxima autorizada
MAG	Magnético
MAINT	Mantenimiento
MAP	Mapas y cartas aeronáuticas
MAPT	Punto de aproximación frustrada
MAR	En el mar
MAR	Marzo
MAS	Simplex Al manual
MAX	Máximo(a)
MAY	Mayo
MBST	Microrráfaga
MCA	Altitud mínima de cruce
MCW	Onda continúa modulada
MDA	Altitud mínima de descenso
MDF	Estación radiogoniometría de frecuencia media
MDH	Altura mínima de descenso
MEA	Altitud mínima en ruta
MEHT	Altura mínima de los ojos del piloto sobre el umbral (para sistemas visuales indicadores de pendiente de aproximación)
MET	Meteorológico o meteorología
METAR †	Informe meteorológico ordinario de aeródromo (en clave meteorológica)
MET REPORT	Informe meteorológico ordinario local (en lenguaje claro abreviado)
MF	Frecuencia media [300 a 3000 kHz]
MHDF	Estaciones radiogoniométricas de frecuencias media y alta (situadas en el mismo lugar)

MHVDF Estaciones radiogoniométricas de frecuencias media, alta y muy alta (situadas en el mismo lugar)
MHZ Megahertzio
MID Punto medio (relativo al RVR)
MIFG Niebla baja
MIL Militar
MIN Minutos
MIS Falta. . . (identificación de la transmisión) (para utilizar en AFS como señal de procedimiento)
MKR Radiobaliza
MLS ‡ Sistema de aterrizaje por microondas
MM Radiobaliza intermedia
MNM Mínimo(a)
MNPS Especificaciones de performance mínima de navegación
MNT Monitor o vigilando o vigilado
MNTN Mantenga
MOA Área de operaciones militares
MOC Margen mínimo de franqueamiento de obstáculos (necesario)
MOD Moderado(a) (utilizada para indicar la intensidad de los fenómenos meteorológicos, la interferencia o informes de estática, por ejemplo
MODRA = lluvia moderada)
MON Lunes
MON Sobre montañas
MOPS † Normas de performance mínima operacional
MOTNE Red de telecomunicaciones meteorológicas para las operaciones en Europa
MOV Desplácese o desplazándose o desplazamiento
MPS Metros por segundo
MRA Altitud mínima de recepción
MRG Alcance medio
MRP Punto de notificación ATS/MET
MSA Altitud mínima de sector
MSAS† Sistema de aumentación basado en satélites con satélite de transporte multifuncional (MTSAT)
MSAW Advertencia de altitud mínima de seguridad
MSG Mensaje
MSL Nivel medio del mar
MSR Mensaje. . . (identificación de la transmisión) transmitido por vía indebida (para utilizar en AFS como señal de procedimiento)
MSRR Radar secundario de vigilancia de monoimpulso
MT Montaña
MTU Unidades métricas
MTW Ondas orográficas
MVDF Estaciones radiogoniométricas de frecuencias media y muy alta (situadas en el mismo lugar)
MWO Oficina de vigilancia meteorológica
MX Tipo mixto de formación de hielo (blanco y cristalino)

N

N Ninguna tendencia marcada (del RVR durante los 10 minutos previos)
N Norte o latitud norte
NASC † Centro nacional de sistemas AIS
NAT Atlántico septentrional
NAV Navegación
NB Dirección norte
NBFR No antes de
NC Sin variación
NCD No se detectaron nubes (utilizada en METAR/SPECI automatizados)
NDB Radiofaro no direccional
NDV No hay variaciones direccionales disponibles (utilizada en METAR/SPECI automatizados)
NE Nordeste

NEB	Dirección nordeste
NEG	No o negativo o niego permiso o incorrecto
NGT	Noche
NIL †	Nada o no tengo nada que transmitirle a usted
NM	Millas marinas
NML	Normal
NNE	Nornordeste
NNW	Nornoroeste
NO	No (negativo) (para utilizar en AFS como señal de procedimiento)
NOF	Oficina NOTAM internacional
NOSIG †	Sin ningún cambio importante (se utiliza en los pronósticos de aterrizaje de tipo "tendencia")
NOTAM †	Aviso distribuido por medios de telecomunicaciones que contiene información relativa al establecimiento, condición o modificación de cualquier instalación aeronáutica, servicio, procedimiento o peligro, cuyo conocimiento oportuno es esencial para el personal encargado de las operaciones de vuelo.
NOV	Noviembre
NOZ‡	Zona normal de operaciones
NR	Número
NRH	No se escucha respuesta
NS	Nimbostratus
NSC	Sin nubes de importancia
NSW	Ningún tiempo significativo
NTL	Nacional
NTZ ‡	Zona inviolable
NW	Noroeste
NWB	Dirección noroeste
NXT	Siguiente

O

OAC	Centro de control de área oceánica
OAS	Superficie de evaluación de obstáculos
OBS	Observe u observado u observación
OBSC	Oscuro u oscurecido u oscureciendo
OBST	Obstáculo
OCA	Altitud de franqueamiento de obstáculos
OCA	Área oceánica de control
OCC	Intermitente (luz)
OCH	Altura de franqueamiento de obstáculos
OCNL	Ocasional u ocasionalmente
OCS	Superficie de franqueamiento de obstáculos
OCT	Octubre
OFZ	Zona despejada de obstáculos
OGN	Empiece (para utilizar en AFS como señal de procedimiento)
OHD	Por encima
OK	Estamos de acuerdo o Está bien (para utilizar en AFS como señal de procedimiento)
OLDI†	Intercambio directo de datos
OM	Radiobaliza exterior
OPA	Formación de hielo de tipo blanco, opaco
OPC	Control indicado es el control de operaciones
OPMET †	Información meteorológica relativa a las operaciones
OPN	Abrir o abriendo o abierto
OPR	Operador (explotador) u operar (explotar) o utilización u operacional
OPS	Operaciones
O/R	A solicitud
ORD	Orden
OSV	Barco de estación oceánica
OTLK	Proyección (se utiliza en los mensajes SIGMET para las cenizas volcánicas y los ciclones tropicales)
OTP	Sobre nubes
OTS	Sistema organizado de derrotas
OUBD	Dirección de salida
OVC	Cielo cubierto

P

P . . .	Valor máximo de la velocidad del viento o del alcance visual en la pista (seguida por cifras en METAR/SPECI y TAF)
P . . .	Zona prohibida (seguida de identificación)
PA	Aproximación de precisión
PALS	Sistema de iluminación para la aproximación de precisión (especifica la categoría)
PANS	Procedimiento para los servicios de navegación aérea
PAPI †	Indicador de trayectoria de aproximación de precisión
PAR ‡	Radar de aproximación de precisión
PARL	Paralelo
PATC . . .	Carta topográfica para aproximaciones de precisión (seguida del nombre/título)
PAX	Pasajero(s)
PCD	Prosiga o prosigo
PCL	Iluminación controlada por el piloto
PCN	Número de clasificación de pavimentos
PDC ‡	Autorización previa a la salida
PDG	Gradiente del procedimiento de diseño
PER	Performance
PERM	Permanente
PIB	Boletín de información previa al vuelo
PJE	Ejercicios de lanzamiento de paracaidistas
PL	Gránulos de hielo
PLA	Aproximación baja, de práctica
PLN	Plan de vuelo
PLVL	Nivel actual
PN	Se requiere aviso previo
PNR	Punto de no retorno
PO	Remolinos de polvo/arena (remolinos de polvo)
POB	Personas a bordo
POSS	Posible
PPI	Indicador panorámico
PPR	Se requiere permiso previo
PPSN	Posición actual
PRFG	Aeródromo parcialmente cubierto de niebla
PRI	Primario
PRKG	Estacionamiento
PROB †	Probabilidad
PROC	Procedimiento
PROV	Provisional
PS	Más
PSG	Pasando por
PSN	Posición
PSP	Chapa de acero perforada
PSR ‡	Radar primario de vigilancia
PSYS	Sistema de presión
PTN	Viraje reglamentario
PTS	Estructura de derrotas polares
PWR	Potencia

Q

QDL	¿Piensa usted pedirme una serie de marcaciones? o Pienso pedirle una serie de marcaciones (para utilizar en radiotelegrafía como un código Q)
QDM ‡	Rumbo magnético (viento nulo)
QDR	Marcación magnética
QFE ‡	Presión atmosférica a la elevación del aeródromo (o en el umbral de la pista)
QFU	Dirección magnética de la pista
QGE	¿Cuál es mi distancia a su estación? o Su distancia a mi estación es (cifras de distancia y sistema de unidades) (para utilizar en radiotelegrafía como un código Q)
QJH	¿Debo pasar mi cinta de prueba/una frase de prueba? o Pase su cinta de prueba/una frase de prueba (para utilizar en AFS como un código Q)
QNH ‡	Reglaje de la subescala del altímetro para obtener elevación estando en tierra

QSP	¿Quiere retransmitir gratuitamente a . . . ? o Retransmitiré gratuitamente a . . . (para utilizar en AFS como un código Q)
QTA	¿Debo anular el telegrama núm. . . . ? o Anule el telegrama núm. . . . (para utilizar en AFS como un código Q)
QTE	Marcación verdadera
QTF	¿Quiere indicarme la posición de mi estación con arreglo a las marcaciones tomadas por las estaciones radiogoniométricas que usted controla? o La posición de su estación, basada en las marcaciones tomadas por las estaciones radiogoniométricas que controlo, era . . . latitud, . . . longitud (o cualquier otra indicación de posición), tipo . . . a . . . horas (para utilizar en radiotelegrafía como un código Q)
QUAD	Cuadrante
QUJ	¿Quiere indicarme el rumbo VERDADERO que debo seguir para dirigirme hacia usted? O El rumbo VERDADERO que debe seguir para dirigirse hacia mí es de . . . grados a las . . . (para utilizar en radiotelegrafía como un código Q)

R

R . . .	Alcance visual en la pista (seguida por cifras en METAR/SPECI)
. . . R	Derecha (precedida por el número de designación para identificar una pista paralela)
R	Rojo
R	Recibido (acuse de recibo) (para utilizar en AFS como señal de procedimiento)
R . . .	Zona restringida (seguida de la identificación)
RA	Lluvia
RAC	Reglamento del aire y servicios de tránsito aéreo
RAG	Dispositivo de parada en la pista
RAG	Rasgado
RAI	Indicador de alineación de pista
RAIM	Vigilancia autónoma de la integridad en el receptor
RASC†	Centro regional de sistemas AIS
RASS	Fuente de reglaje del altímetro a distancia
RB	Lancha de salvamento
RCA	Alcance la altitud de crucero
RCC	Centro coordinador de salvamento
RCF	Falla de radiocomunicaciones (designador de tipo de mensaje)
RCH	Llegar a o llegando a
RCL	Eje de pista
RCLL	Luces de eje de pista
RCLR	Nueva autorización
RDH	Altura de referencia
RDL	Radial
RDO	Radio
RE	Reciente (utilizado para calificar fenómenos meteorológicos, RERA = lluvia reciente)
REC	Recibir o receptor
REDL	Luces de borde de pista
REF	Referente a . . . o consulte a . . .
REG	Matrícula
RENL	Luces de extremo de pista
REP	Notificar o notificación o punto de notificación
REQ	Solicitar o solicitado
RERTE	Cambio de ruta
RESA	Zona de seguridad de fin de pista
RG	Alineación (luces)
RHC	Circuito del lado derecho
RIF	Renovación en vuelo de la autorización
RITE	Derecha (dirección de viraje)

RL	Notifique salida de
RLA	Retransmisión a
RLCE	Solicite cambio de nivel en ruta
RLLS	Sistema de iluminación de guía a la pista
RLNA	Nivel solicitado no disponible
RMAC	Carta de altura mínima radar
RMK	Observación
RNAV †	Navegación de área
RNG	Radiofaro direccional
RNP	Performance de navegación requerida
ROBEX †	Intercambio de boletines regionales OPMET (sistema)
ROC	Velocidad ascensional
ROD	Velocidad vertical de descenso
ROFOR	Pronóstico de ruta (en clave meteorológica)
RON	Recepción solamente
RPI †	Indicación de posición radar
RPL	Plan de vuelo repetitivo
RPLC	Remplazar o remplazado
RPS	Símbolo de posición radar
RPT	Repita o repito (para utilizar en AFS como señal de procedimiento)
RQ*	Petición (para utilizar en AFS como señal de procedimiento)
RQMNTS	Requisitos
RQP	Solicitud de plan de vuelo (designador de tipo de mensaje)
RQS	Solicitud de plan de vuelo suplementario (designador de tipo de mensaje)
RR	Notifique llegada a
RRA	(o RRB, RRC, . . . etc., en orden) Mensaje meteorológico demorado (designador de tipo de mensaje)
RSC	Subcentro de salvamento
RSCD	Estado de la superficie de la pista
RSP	Radiofaro respondedor
RSR	Radar de vigilancia en ruta
RTD	Demorado (se utiliza para indicar un mensaje meteorológico demorado; designador de tipo de mensaje)
RTE	Ruta
RTF	Radiotelefonía
RTG	Radiotelegrafía
RTHL	Luces de umbral de pista
RTN	Dé la vuelta o doy la vuelta o volviendo a
RTODAH	Distancia de despegue interrumpido disponible para helicópteros
RTS	Nuevamente en servicio
RTT	Radioteletipo
RTZL	Luces de zona de toma de contacto
RUT	Frecuencias de transmisión en ruta reglamentarias en las regiones
RV	Barco de salvamento
RVR ‡	Alcance visual en la pista
RVSM ‡	Separación vertical mínima reducida [300 m (1 000 ft)] entre FL 290 y FL 410
RWY	Pista

S

S . . .	Estado del mar (seguida por cifras en METAR/SPECI)
S	Sur o latitud sur
SA	Arena
SALS	Sistema sencillo de iluminación de aproximación
SAN	Sanitario
SAP	Tan pronto como sea posible
SAR	Búsqueda y salvamento
SARPS	Normas y métodos recomendados [OACI]
SAT	Sábado
SATCOM	Comunicación por satélite
SB	Dirección sur
SBAS †	Sistema de aumentación basado en satélites
SC	Stratocumulus
SCT	Nubes dispersas
SDBY	Estar a la escucha o de reserva
SE	Sudeste

SEA Mar (utilizada en relación con la temperatura de la superficie del mar y el estado del mar)
SEB Dirección sudeste
SEC Segundos
SECN Sección
SECT Sector
SELCA Sistema de llamada selectiva
SEP Septiembre
SER Servicio o dando servicio o servido
SEV Fuerte (utilizada en los informes para calificar la formación de hielo y turbulencia)
SFC Superficie
SG Cinarra
SGL Señal
SH . . . Chaparrón (seguida de RA = lluvia, SN =nieve, PL = hielo granulado, GR = granizo, GS = granizo menudo, o combinaciones, por ejemplo SHRASN = chaparrones de lluvia y nieve)
SHF Frecuencia supraalta [3 000 a 30 000 MHz]
SID † Salida normalizada por instrumentos
SIF Dispositivo selectivo de identificación forma parte
SIG Significativo
SIGMET † Información relativa a fenómenos meteorológicos en ruta que puedan afectar la seguridad de las operaciones de las aeronaves
SIMUL Simultáneo o simultáneamente
SIWL Carga de rueda simple aislada
SKC Cielo despejado
SKED Horario o sujeto a horario o regular
SLP Punto de limitación de velocidad
SLW Despacio
SMC Control de la circulación en la superficie
SMR Radar de movimiento en la superficie
SN Nieve
SNOCLO Aeródromo cerrado debido a nieve (se utiliza en METAR/ SPECI)
SNOWTAM † Serie de NOTAM que notifica la presencia o eliminación de condiciones peligrosas debidas a nieve, nieve fundente, hielo o agua en el área de movimiento por medio de un formato concreto.
SPECI Informe meteorológico especial de aeródromo (en clave meteorológica)
SPECIAL † Informe meteorológico especial local (en lenguaje claro abreviado)
SPL Plan de vuelo suplementario (designador de tipo de mensaje)
SPOC Punto de contacto SAR
SPOT † Viento instantáneo
SQ Turbonada
SQL Línea de turbonada
SR Salida del sol
SRA Aproximación con radar de vigilancia
SER Radar de vigilancia que del sistema de radar para aproximación de precisión
SRG De corta distancia
SRR Región de búsqueda y salvamento
SRY Secundario
SS Puesta del sol
SS Tempestad de arena
SSB Banda lateral única
SSE Sudsudeste
SSR Radar secundario de vigilancia
SST Avión supersónico de transporte
SSW Sudsudoeste
ST Stratus
STA Aproximación directa

STAR †	Llegada normalizada por instrumentos
STD	Normal o estándar
STF	Estratiforme
STN	Estación
STNR	Estacionario
STOL	Despegue y aterrizaje cortos
STS	Estado
STWL	Luces de zona de parada
SUBJ	Sujeto a
SUN	Domingo
SUP	Suplemento (Suplemento AIP)
SUPPS	Procedimientos suplementarios regionales
SVC	Mensaje de servicio
SVCBL	En condiciones de servicio
SW	Sudoeste
SWB	Dirección sudoeste
SWY	Zona de parada

T

T	Temperatura
TA	Altitud de transición
TAA	Altitud de llegada a terminal
TACAN	Sistema TACAN
TAF†	Pronóstico de aeródromo (en clave meteorológica)
TAIL †	Viento de cola
TAR	Radar de vigilancia de área terminal
TAS	Velocidad verdadera
TAX	Rodaje
TC	Ciclón tropical
TCAC	Centro de avisos de ciclones tropicales
TCU	Cumulus acastillados
TODO	Tornado
TDZ	Zona de toma de contacto
TECR	Motivos técnicos
TEL	Teléfono
TEMPO †	Temporal o temporalmente
TREND †	Pronóstico de tendencia
TFC	Tráfico
TGL	Aterrizaje y despegue inmediato
TGS	Sistema de guía para el rodaje
THR	Umbral
THRU	Por entre, por mediación de
THU	Jueves
TIBA	Radiodifusión en vuelo de información sobre el tránsito aéreo
TIL †	Hasta
TIP	Hasta pasar . . . (lugar)
TKOF	Despegue
TL . . .	Hasta (seguida de la hora a la que se pronostica que terminará el cambio meteorológico)
TLOF	Área de toma de contacto y de elevación inicial
TMA ‡	Área de control terminal
TN . . .	Temperatura mínima (seguida por cifras en TAF)
TNA	Altitud de viraje
TNH	Altura de viraje
TO . . . A . . .	(lugar)
TOC	Cima de la subida
TODA	Distancia de despegue disponible
TODAH	Distancia de despegue disponible para helicópteros
TOP †	Cima de nubes
TORA	Recorrido de despegue disponible
TP	Punto de viraje
TR	Derrota
TRA	Espacio aéreo temporalmente reservado
TRANS	Transmitir o transmisor
TRL	Nivel de transición
TROP	Tropopausa
TS	Tormenta (en los informes y pronósticos de aeródromo, cuando se utiliza la abreviatura TS sola significa que se oyen truenos pero no se observa ninguna precipitación en el aeródromo)
TS . . .	Tormenta (seguida de RA = lluvia, SN = nieve,
PL =	hielo granulado, GR = granizo, GS = granizo menudo, o combinaciones, por ejemplo, TRSASN = tormenta con lluvia y nieve)
TT	Teletipo
TUE	Martes
TURB	Turbulencia

T-VASIS †	Sistema visual indicador de pendiente de aproximación en T
TVOR	VOR terminal
TWR	Torre de control de aeródromo o control de aeródromo
TWY	Calle de rodaje
TWYL	Enlace de calle de rodaje
TX . . .	Temperatura máxima (seguida por cifras en TAF)
TXT	Texto [cuando se usa esta abreviatura para pedir repetición, el signo de interrogación (IMI) precede a la abreviatura, por ejemplo, IMI TXT] (para utilizar en AFS como señal de procedimiento) TYP Tipo de aeronave TYPH Tifón

U

U	En aumento (tendencia del RVR durante los 10 minutos previos)
UAB . . .	Hasta ser notificado por . . .
UAC	Centro de control de área superior
UAR	Ruta aérea superior
UDF	Estación radiogoniométrica de frecuencia ultraalta
UFN	Hasta nuevo aviso
UHDT	Imposibilidad de ascender por causa del tránsito
UHF	Frecuencia ultraalta [300 a 3 000 MHz]
UIC	Centro de región superior de información de vuelo
UIR	Región superior de información de vuelo
ULR	Radio de acción excepcionalmente grande
UNA	Imposible
UNAP	Imposible conceder aprobación
UNL	Ilimitado
UNREL	Inseguro, no fiable
UP	Precipitación no identificada (utilizada en METAR /SPECI automatizados)
U/S	Inutilizable
UTA	Área superior de control
UTC ‡	Tiempo universal coordinado

V

. . . V . . .	Variaciones respecto a la dirección media del viento (precedida y seguida por cifras en METAR/SPECI p. ej., 350V070)
VA	Cenizas volcánicas
VAAC	Centro de avisos de cenizas volcánicas
VAC . . .	Carta de aproximación visual (seguida del nombre/título)
VAL	En los valles
VAN	Camión de control de pista
VAR	Declinación magnética
VAR	Radiofaro direccional audiovisual
VASIS	Sistema visual indicador de pendiente de aproximación
VC . . .	Inmediaciones del aeródromo (seguida de FG = niebla, FC = tromba, SH =chaparrón, PO = remolinos de polvo o arena, BLDU = ventisca alta de polvo, BLSA = ventisca alta de arena, BLSN = ventisca alta de nieve, por ejemplo DS =tempestad de polvo, SS = tempestad de arena, TS = tormenta o VA = cenizas volcánicas, VCFG = niebla de inmediaciones)
VCY	Inmediaciones
VDF	Estación radiogoniométrica de muy alta frecuencia
VER	Vertical
VFR ‡	Reglas de vuelo visual
VHF ‡	Muy alta frecuencia [30 a 300 MHz]
VIP ‡	Persona muy importante
VIS	Visibilidad
VLF	Muy baja frecuencia [3 a 30 kHz]
VLR	De muy larga distancia
VMC	Condiciones meteorológicas de vuelo visual

VOLMET † Información meteorológica para aeronaves en vuelo
VOR ‡ Radiofaro omnidireccional VHF
VORTAC † VOR y TACAN combinados
VOT Instalación de pruebas del equipo VOR de a bordo
VPA Ángulo de trayectoria vertical
VRB Variable
VSA Por referencia visual al terreno
VSP Velocidad vertical
VTOL Despegue y aterrizaje verticales
VV . . . Visibilidad vertical (seguida por cifras en METAR/SPECI y TAF)

W

W Blanco
W Oeste o longitud oeste
W . . . Temperatura de la superficie del mar (seguida por cifras en METAR/SPECI)
WAAS † Sistema de aumentación de área amplia
WAC . . . Carta aeronáutica mundial — OACI 1:1 000 000 (seguida del nombre/título)
WAFC Centro mundial de pronósticos de área
WB Dirección oeste
WBAR Luces de barra de ala
WDI Indicador de la dirección del viento
WDSPR Extenso
WED Miércoles
WEF Con efecto a partir de
WGS-84 Sistema Geodésico Mundial — 1984
WI Dentro de o dentro de un margen de . . .
WID Anchura
WIE Con efecto inmediato
WILCO Cumpliré
WIND Viento
WINTEM Pronóstico aeronáutico de vientos y temperaturas en altitud
WIP Obras en progreso
WKN Decrece o decreciendo
WNW Oestenoroeste
WO Sin
WPT Punto de recorrido
WRNG Aviso
WS Cizalladura del viento
WSPD Velocidad del viento
WSW Oestesudoeste
WT Peso
WTSPT Tromba marina
WWW Worldwide web (Red mundial)
WX Condiciones meteorológicas

X

X Cruce
XBAR Barra transversal (de sistema de iluminación de aproximación)
XNG Cruzando
XS Atmosféricos

Y

Y Amarillo
YCZ Zona amarilla de precaución (iluminación de pista)
YES Sí (afirmativo) (para utilizar en AFS como señal de procedimiento)
YR Su (de usted)

Z

Z Tiempo universal coordinado (en mensajes meteorológicos)

Abreviaturas, términos y expresiones transmitidas como palabras habladas en las comunicaciones.

ACARS	Sistema de direccionamiento e informe para comunicaciones de aeronaves *(debe pronunciarse "EI-CARS")*
ACAS	Sistema anticolisión de a bordo
ADIZ	Zona de identificación de defensa aérea *(debe pronunciarse "EI-DIS")*
AIRE	Aeronotificación
AIRMET	Información relativa a fenómenos meteorológicos en ruta que puedan afectar la seguridad de las operaciones de aeronaves a baja altura
ALERFA	Fase de alerta
APAPI	Indicador simplificado de trayectoria de aproximación de precisión *(debe pronunciarse "EI-PAPI")*
ATIS	Servicio automático de información terminal
AT-VASIS	Sistema visual indicador de pendiente de aproximación simplificado en T *(debe pronunciarse "EI-TI-VASIS")*
AVGAS	Gasolina de aviación
BASE	Base de las nubes
CAVOK	Visibilidad, nubes y condiciones meteorológicas actuales mejores que los valores o condiciones prescritos *(debe pronunciarse "CA-VO-KEI")*
CIDIN	Red OACI común de intercambio de datos
D-ATIS	Servicio automático de información terminal por enlace de datos *(debe pronunciarse "DI-ATIS")*
DETRESFA	Fase de socorro
EGNOS	Servicio europeo de complemento geoestacionario de navegación *(debe pronunciarse "EG-NOS")*
ELBA	Radiobaliza de emergencia para localización de aeronaves
FRONT	Frente *(meteorológico)*
GAGAN	Navegación aumentada por GPS y órbita geoestacionaria
GBAS	Sistema de aumentación basado en tierra *(debe pronunciarse "CHI-BAS")*
GLONASS	Sistema orbital mundial de navegación por satélite *(debe pronunciarse "GLO-NAS")*
GRAS	Sistema de aumentación regional basado en tierra *(debe pronunciarse "CHI-RAS")*
IDENT	Identificación
INCERFA	Fase de incertidumbre
INFO	Información
LORAN	LORAN *(sistema de navegación de larga distancia)*
MET	Meteorológico *o* meteorología
METAR	Informe meteorológico ordinario de aeródromo *(en clave meteorológica)*
MOPS	Normas de performance mínima operacional
MSAS	Sistema de aumentación basado en satélites con satélite de transporte multifuncional (MTSAT) *(debe pronunciarse "EM-SAS")*
NASC	Centro nacional de sistemas AIS
NIL	Nada *o* No tengo nada que transmitirle a usted
SBAS	Sistema de aumentación basado en satélites *(debe pronunciarse "ES-BAS")*

SELCAL	Sistema de llamada selectiva
SID	Salida normalizada por instrumentos
SIGMET	Información relativa a fenómenos meteorológicos en ruta que puedan afectar la seguridad de las operaciones de las aeronaves
SNOWTAM	Serie de NOTAM que notifica la presencia o eliminación de condiciones peligrosas debidas a nieve, nieve fundente, hielo o agua en el área de movimiento por medio de un formato concreto
SPECI	Informe meteorológico especial de aeródromo *(en clave meteorológica)*
SPECIAL	Informe meteorológico especial *(en lenguaje claro abreviado)*
SPOT	Viento instantáneo
STAR	Llegada normalizada por instrumentos
NOSIG	Sin ningún cambio importante *(se utiliza en los pronósticos de aterrizaje de tipo "tendencia")*
NOTAM	Aviso distribuido por medios de telecomunicaciones que contiene información relativa al establecimiento, condición o modificación de cualquier instalación aeronáutica, servicio, procedimiento o peligro, cuyo conocimiento oportuno es esencial para el personal encargado de las operaciones de vuelo
OLDI	Intercambio directo de datos
OPMET	Información meteorológica relativa a las operaciones
OPS	Operaciones
PAPI	Indicador de trayectoria e aproximación de precisión
PROB	Probabilidad
RAIM	Vigilancia autónoma de la integridad en el receptor
RASC AIS	Centro regional de sistemas
RNAV	Navegación de área *(debe pronunciarse "AR-NAV")*
ROBEX	Intercambio de boletines regionales OPMET *(sistema)*
TACAN	Sistema TACAN
TAF	Pronóstico de aeródromo *(en clave meteorológica)*
TAIL	Viento de cola
TEMPO	Temporal *o* temporalmente
TREND	Pronóstico de tendencia
TIBA	Radiodifusión en vuelo de información sobre el tránsito aéreo
TIL	Hasta
TOP	Cima de nubes
T-VASIS	Sistema visual indicador de pendiente de aproximación en T *(debe pronunciarse "TI-VASIS")*
VOLMET	Información meteorológica para aeronaves en vuelo
VORTAC	VOR y TACAN combinados
WAAS	Sistema de aumentación de área amplia
WILCO	Cumpliré

Aviation Bookstore
aviation step by step

Aviation Bookstore
aviation step by step